Anlaß- und Regelwiderstände

Grundlagen und Anleitung zur Berechnung von elektrischen Widerständen

Von

Erich Jasse

Zweite
verbesserte und erweiterte Auflage

Mit 69 Textabbildungen

Springer-Verlag Berlin Heidelberg GmbH
1924

ISBN 978-3-642-89904-1   ISBN 978-3-642-91761-5 (eBook)
DOI 10.1007/978-3-642-91761-5

Vorwort zur ersten Auflage.

Es hat bisher in der Elektrotechnik ein Buch gefehlt, in welchem die Berechnung der Anlaßwiderstände mit Bezug auf Erwärmung den beim Anlassen geltenden Gesetzen entsprechend durchgeführt wird. In einigen früheren Arbeiten hatte ich schon auf die Zusammenhänge zwischen den zu beschleunigenden Massen und der Menge des Widerstandsmaterials hingewiesen. Aus einer Reihe von Zuschriften ersah ich dann, daß ich damit den Wünschen vieler Leser entgegengekommen war. Gern übernahm ich es daher auf Anregung des Verlages, ein Buch über die Berechnung von Anlassern und Reglern zu schreiben. Hierfür schien es mir zweckmäßig, den Leser erst einmal mit den Grundgesetzen der Erwärmung eines Körpers vertraut zu machen. Ich stelle daher einen entsprechenden Abschnitt an den Anfang des Buches. Dann gebe ich eine Beschreibung und zugehörige Abbildungen für die gebräuchlichsten Arten von Widerstandselementen, wobei gleichzeitig der Gang der Erwärmungsberechnung vorgeführt wird. Nachdem so der Leser mit den Grundlagen der Widerstandsberechnung bekannt geworden ist, kommt der Hauptteil des Buches, nämlich der Entwurf der Anlaß- und Regelwiderstände. Um einen Anlasser richtig entwerfen zu können, muß man die Wirkungsweise des Motors, dem er dienen soll, genau kennen. Ich habe daher auch, insbesondere beim Drehstrommotor, eine möglichst vollständige Theorie der betreffenden Maschine gegeben, soweit sie für den vorliegenden Zweck notwendig war. Diese Theorie wurde jedoch so kurz und so einfach wie irgend möglich gehalten, wobei nur Wert darauf gelegt wurde, daß trotz Beschränkung auf das notwendigste doch dieses unter den üblichen Voraussetzungen streng richtig ist.

Ich habe es mit Absicht vermieden, dem Leser irgendwelche fertigen Konstruktionen in Abbildungen vor Augen zu führen und zu beschreiben, denn diese wechseln von Jahr zu Jahr, und ein Buch, das in der Hauptsache Abbildungen von fertigen Apparaten gibt, veraltet daher sehr schnell. Außerdem kann ja jeder, der sich über die gerade üblichen Ausführungen unterrichten will, diese in den Preislisten der bekannten Firmen, zum Teil auch in Zeitschriften, viel besser zusammengestellt finden, als ein solches Buch sie bieten könnte. Es war vielmehr mein Bestreben, den Leser mit den Grundsätzen vertraut zu machen, die er bei der Berechnung und Konstruktion solcher Widerstände braucht und ihn dadurch instand zu setzen, möglichst allen Anforderungen der Praxis gewachsen zu sein. Aus diesem Grunde habe ich mich auch bei der analytischen Behandlung auf die einfachsten Fälle beschränkt, so z. B. beim Anlasser nur auf den der konstanten Last. Mit Hilfe der auch gegebenen zeichnerischen Methode ist der Leser jederzeit in der Lage, einen beliebigen Fall durchzuarbeiten.

Ebenso habe ich es unterlassen, Versuchszahlen für irgendwelche Ausführungen zusammenzustellen, und wo solche Zahlen gegeben werden, dienen sie nur dazu, den Gang der Berechnung durch ein Zahlenbeispiel zu erläutern. Auch hierdurch glaubte ich dem Buche nur zu nützen, denn Versuchszahlen enthalten Eigenschaften von Apparaten, sind also von deren Aufbau abhängig. Ändert sich die Konstruktion, so ändern sich auch die Eigenschaften des Apparates. Dagegen war ich im Zweifel, ob es nicht angebracht wäre, eine Tabelle physikalischer Konstanten dem Buche beizufügen. Ich habe es jedoch schließlich vorgezogen, den Leser im Quellenverzeichnis auf die wichtigsten hierfür in Betracht kommenden Arbeiten hinzuweisen, die ja meist leicht zugänglich sind.

Zum Schlusse spreche ich noch dem Verlage für sein großes Entgegenkommen und vielfaches Eingehen auf meine Wünsche meinen besten Dank aus.

Berlin-Friedenau, im November 1920.

Erich Jasse.

Vorwort zur zweiten Auflage.

In der vorliegenden neuen Auflage bin ich vor allem bemüht gewesen, Unschönheiten zu beseitigen, soweit sich solche bisher gezeigt hatten. An verschiedenen Stellen wurde deshalb die Darstellung vereinfacht und unnötige mathematische Entwicklungen gestrichen; andere Stellen, wie das Zahlenbeispiel im zweiten Abschnitt für die Berechnung von Widerständen, wurden teilweise umgearbeitet und erweitert. Ferner wurden einige Abbildungen von ausgeführten Apparaten hinzugefügt, um dem Leser die wirklich in der Praxis benutzte Anordnung der Widerstände und Schutzvorrichtungen zu zeigen. Die Druckstöcke für diese Abbildungen wurden mir von der Firma Voigt & Haeffner A.-G., Frankfurt a. M., freundlichst zur Verfügung gestellt, wofür ich der Firma an dieser Stelle nochmals meinen besten Dank sage. Ferner habe ich, verschiedenen Wünschen entsprechend, einen Abschnitt angefügt, in welchem die wichtigsten physikalischen Konstanten nebst Erläuterungen gegeben sind, soweit sie für den Widerstandsbau benötigt werden. Hierzu wurden im allgemeinen die im Buch selbst angeführten Quellen benutzt. Der Leser kann jetzt ohne Zuhilfenahme eines anderen Buches die Widerstände vollständig durchrechnen. Dies wird vielen Benutzern des Buches eine willkommene Ergänzung sein, da es zunächst das lästige Nachschlagen in anderen Werken erspart. Ferner sind auch die gegebenen Konstanten durchweg auf das elektrotechnische Maßsystem umgerechnet, das im Buche benutzt ist, so daß sie ohne weiteres in die Rechnung eingeführt werden können.

Mülheim-Ruhr, im November 1923.

Erich Jasse.

Inhaltsverzeichnis.

I. Die Erwärmung eines Körpers.

§ 1. Grundlagen. Allgemeine Erwärmungsgleichung. Wird in einem homogenen Körper dauernd in der Zeiteinheit (Sekunde) eine konstante Wärmemenge W (in Watt) entwickelt, so wird dieser Körper nach sehr langer Zeit eine gewisse Erwärmung τ_m über die umgebende Luft annehmen. Es ist dann ein Gleichgewichtszustand zwischen erzeugter und abgegebener Wärme eingetreten. Bezeichnet man die in jeder Sekunde von $1\ \mathrm{m}^2$ der Oberfläche bei $1°\,\mathrm{C}$ Erwärmung abgegebene Wärmemenge in Watt mit μ und ist F die Oberfläche des Körpers in m^2, so gilt demnach die Gleichung

$$W = \mu\, F\, \tau_m . \tag{1}$$

Würde der Körper dagegen keine Wärme nach außen abgeben, so würde seine Temperatur dauernd ansteigen, und zwar wäre seine Erwärmung zu irgendeinem Zeitpunkt proportional der bis zu diesem Punkt vom Beginn der Wärmeerzeugung an verflossenen Zeit. Ist c die spezifische Wärme des Körpers in $\dfrac{\text{Joule}}{\mathrm{g}\ °\mathrm{C}}$, G sein Gewicht in Gramm, und nennt man T die Zeit, welche bis zur Erreichung einer Erwärmung τ_m verflossen ist, so gilt die Gleichung

$$W \cdot T = c\, G \cdot \tau_m \equiv K . \tag{2}$$

Die rechte Seite dieser Gleichung stellt die Wärmekapazität oder den Wärmeinhalt des Körpers bei einer Erwärmung gleich τ_m dar, welcher Wert durch K bezeichnet werden soll. Die Division der beiden Gleichungen (1) und (2) ergibt ferner die Beziehung

$$T = \frac{c\, G}{\mu\, F} . \tag{2a}$$

Welche Bedeutung dieser Zeit T zukommt, werden wir sofort aus den folgenden Ableitungen ersehen.

Zu einem beliebigen Zeitpunkt t nach Beginn der Wärmeerzeugung wird in einem Zeitelement $\mathrm{d}t$ eine Wärmemenge $W\,\mathrm{d}t$ entwickelt; hiervon wird ein Teil dazu verbraucht, um die Erwärmung um $\mathrm{d}\tau$ zu vergrößern, und dieser Teil beträgt $c\,G\,\mathrm{d}\tau$. Der übrige Teil wird an die Umgebung abgeführt; seine Größe ist nach den vorhergehenden Festlegungen $\mu\,F\,\tau\,\mathrm{d}t$. Es besteht demnach die Gleichung

$$W\,\mathrm{d}t = c\,G\,\mathrm{d}\tau + \mu\,F\,\tau\,\mathrm{d}t\,{}^{23})\,{}^{*})$$

oder

$$W = c\,G\frac{\mathrm{d}\tau}{\mathrm{d}t} + \mu\,F\,\tau\,, \tag{3}$$

und dies ist die Differentialgleichung für die Erwärmung eines Körpers. Hierin braucht zunächst noch keine Voraussetzung darüber gemacht sein, ob eine der Größen W, c oder μ veränderlich ist oder nicht. Für das Folgende wollen wir aber alle diese Größen als konstant voraussetzen. Führt man auf der linken Seite dieser Gleichung für W seinen Wert aus Gl. (1) ein und dividiert die ganze Gleichung durch $\mu\,F$, so kann man für den Faktor von $\dfrac{\mathrm{d}\tau}{\mathrm{d}t}$ nach Gl. (2a) einfach T setzen, und unsere Gleichung lautet jetzt

$$\tau_m = T\frac{\mathrm{d}\tau}{\mathrm{d}t} + \tau\,. \tag{3a}$$

Die allgemeine Lösung dieser Differentialgleichung lautet, wie man sich leicht überzeugen kann,

$$\tau = \tau_m + C\,e^{-\frac{t}{T}}\,.$$

Die Integrationskonstante C soll durch die folgende Anfangsbedingung bestimmt werden:

$$t = 0\,; \quad \tau = \tau_a\,, \tag{4}$$

woraus folgt:

$$C = -\tau_m + \tau_a\,,$$

Damit wird aber unsere Lösung nach kurzer Umformung:

$$\tau = \tau_m\left[1 - \left(1 - \frac{\tau_a}{\tau_m}\right)e^{-\frac{t}{T}}\right]\,. \tag{5}$$

Für $t = \infty$ ergibt sich hieraus die Beharrungstemperatur τ_m, die

---

*) Die beigefügten kleinen Ziffern beziehen sich auf das am Schlusse befindliche Quellenverzeichnis.

wir schon in Gl. (1) gefunden hatten. Ist nun $\tau_a < \tau_m$, so stellt Gl. (5) den Verlauf der Erwärmung von τ_a auf τ_m dar; ist dagegen $\tau_a > \tau_m$, so findet eine Abkühlung von τ_a auf τ_m statt. In Abb. 1a ist nach Gl. (5) für Erwärmung, Abb. 1b für Abkühlung des Körpers seine augenblickliche Erwärmung über der Zeit aufgetragen. Legt man an die Kurven in ihrem Anfangspunkte ($t = 0$) eine Tangente und verlängert diese bis zur Asym-

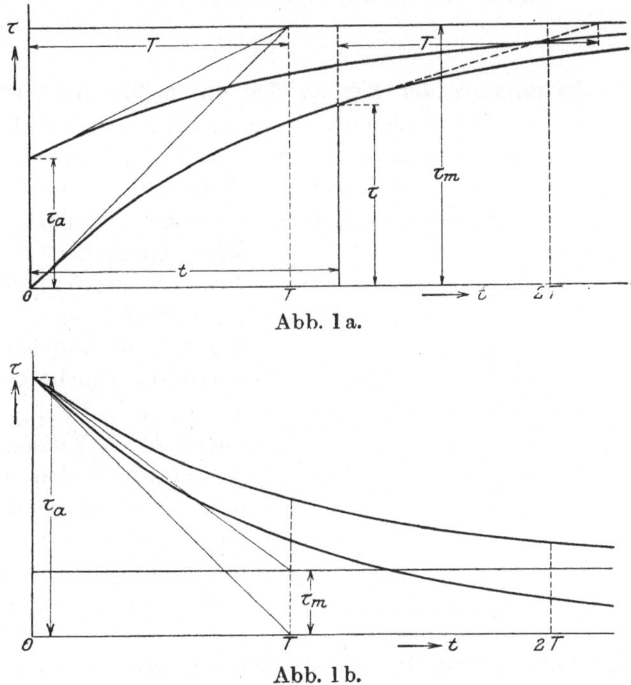

Abb. 1a.

Abb. 1b.

ptote, so schneidet die Tangente auf der Asymptote die Zeit T ab, und zwar unabhängig von der Größe der Anfangstemperatur. Da diese Zeit T für die Erwärmungskurve eines Körpers oder allgemeiner für irgendeinen Vorgang, der zeitlich nach einer Exponentialkurve verläuft, eine kennzeichnende Konstante ist, so nennt man sie die „Zeitkonstante", in diesem Falle im besonderen die „Wärmezeitkonstante" des Körpers. Es sei an dieser Stelle kurz erwähnt, daß die Subtangente der Exponentialkurve konstant ist. Infolgedessen ist die Projektion des zwischen

1*

Kurve und Asymptote liegenden Tangentenstückes auf die Asymptote stets gleich groß, und zwar gleich der Zeitkonstanten, wie schon in Abb. 1a angedeutet.

Als besonders wichtige Sonderfälle sind zu erwähnen:

a) die einfache Erwärmungskurve ($\tau_a = 0$)

$$\tau = \tau_m \left[1 - e^{-\frac{t}{T}} \right], \tag{5a}$$

b) die einfache Abkühlungskurve ($\tau_m = 0$)

$$\tau = \tau_a\, e^{-\frac{t}{T}}. \tag{5b}$$

§ 2. Bestimmung der Kenngrößen durch Versuch. Für die Berechnung der Erwärmung eines gegebenen Körpers dienen die Gl. (1) und (2a), vorausgesetzt, daß man die dazu erforderlichen Größen kennt. Dies sind außer den Abmessungen des Körpers vor allem die spezifische Wärmeabgabe μ seiner Oberfläche, auch

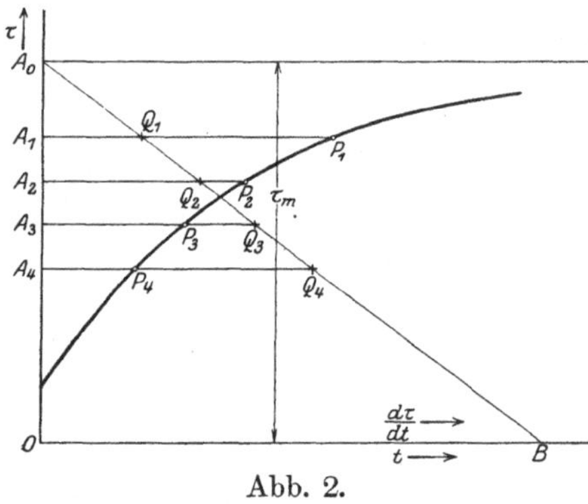

Abb. 2.

kurz „Kühlziffer" genannt, sowie die spezifische Wärme c des Stoffes, aus welchem der Körper besteht. Sind diese Größen nicht bekannt, so muß eine Erwärmungskurve durch Versuch aufgenommen werden, um daraus die physikalischen Konstanten des Körpers c und μ zu bestimmen. Dazu trägt man die Versuchspunkte auf Koordinatenpapier auf (Erwärmung als Ordinate, Zeit als Abszisse) und legt eine glatte Kurve hindurch, die die Punkte möglichst gut verbindet; dann bestimmt man für einen beliebigen Punkt der Kurve, etwa P_1, ihre Neigung, also den Wert $\dfrac{d\tau}{dt}$, und trägt diesen als Abszisse $A_1\,Q_1$ für die betreffende Erwärmung τ als Ordinate auf. Auf diese Weise ermittelt man eine ganze Reihe von Punkten, die in Abb. 2 mit Q_1, Q_2, Q_3, Q_4 bezeichnet sind, und verbindet sie durch eine Kurve. In ihrem oberen Teile wird sich diese Kurve einer Geraden nähern, und diese Gerade verlängert man bis zum Schnittpunkt A_0 mit der Ordinatenachse. Dann hat man in diesem

Punkt den Schnittpunkt der Asymptote mit der Achse; also gibt die Strecke OA_0 die Beharrungstemperatur τ_m des Körpers. (Für die Auswertung der Erwärmungskurve ist es gleichgültig, ob man die Temperatur oder die Erwärmung des Körpers als Ordinate wählt.) Verlängert man die Gerade auch nach der anderen Richtung bis zum Schnittpunkt B mit der Abszissenachse, so gibt das Verhältnis $OA_0 : OB$ die Zeitkonstante T der Erwärmungskurve (OB muß natürlich im Maßstab von $\dfrac{d\tau}{dt}$ gemessen werden).

Streng richtig ist diese Konstruktion für die Exponentialkurve, also für Gl. (5), wie sich ohne weiteres aus der Differentialgl. (3a) ergibt, denn diese ist für τ als Funktion von $\dfrac{d\tau}{dt}$ die Gleichung einer Geraden. Die Erwärmungskurven der in der Praxis vorkommenden Körper zeigen aber um so größere Abweichungen von der oben besprochenen einfachen Exponentiallinie, je mehr die Wärmeleitung im Innern des Körpers eine Rolle spielt; denn von dieser wurde bei der Ableitung der Gl. (3) völlig abgesehen und gleiche Temperatur für alle Teile des Körpers vorausgesetzt. Zeigen sich aber auch bei der Auftragung der Differentialkurve große Abweichungen, die hauptsächlich in dem unteren Teile der Kurve auftreten, so bietet doch die angegebene Konstruktion einen guten, für die Praxis völlig ausreichenden Näherungswert für die Zeitkonstante.

Dazu kommt noch ein weiterer Vorteil. Ist eine Erwärmungsprobe an einem Körper anzustellen, dessen Zeitkonstante sehr groß ist, so braucht man eine sehr lange Zeit, um den Beharrungszustand praktisch zu erreichen (mindestens eine Zeit, die etwa gleich der vierfachen Zeitkonstante ist). In den allermeisten Fällen wird es genügen, die Prüfzeit auf die 1,5- bis 2fache Zeitkonstante herabzusetzen und mit Hilfe der angegebenen Konstruktion die Dauererwärmung zu bestimmen. Auf diese Weise spart man Zeit und Prüfkosten.

§ 3. Aussetzende Erwärmung. Überlastbarkeit. Es handelt sich jetzt darum, festzustellen, wie warm der Körper wird, wenn er in gewissen, regelmäßig wiederkehrenden Zeitabständen abwechselnd erwärmt und sich selbst überlassen wird. Es werde also etwa angenommen, daß in dem Körper eine

Zeit a hindurch eine Wärmemenge entwickelt werde, der eine Erwärmung τ_m im stationären Zustande entspricht. Nach Ablauf dieser Zeit a werde eine Zeit r hindurch eine kleinere Wärmemenge entwickelt, der eine stationäre Erwärmung τ_0 entspricht. Dieser eben beschriebene Vorgang wiederhole sich dauernd in gleicher Weise, dann wird nach einer gegenüber der Zeitkonstanten sehr langen Zeit die Erwärmung des Körpers sich in der in Abb. 3 dargestellten Weise ändern. Während der

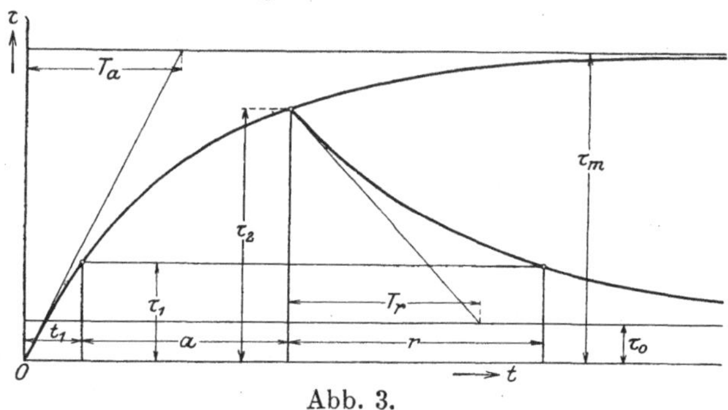

Abb. 3.

Zeit a erwärmt sich der Körper von τ_1 auf τ_2 und während der Zeit r kühlt er sich von τ_2 wieder auf τ_1 ab*). Es sei ferner vorausgesetzt, daß die Zeitkonstante für die Erwärmung eine andere als für die Abkühlung sei, etwa durch eine andere Kühlziffer verursacht. Wendet man jetzt Gl. (5) auf die Erwärmung an, die von τ_1 auf τ_2 erfolgt, so findet man:

$$\tau_2 = \tau_m \left[1 - \left(1 - \frac{\tau_1}{\tau_m} \right) e^{-\frac{a}{T_a}} \right]. \tag{6a}$$

Ähnlich findet sich für die Abkühlung von τ_2 auf τ_1 mit dem stationären Wert τ_0 die Beziehung:

$$\tau_1 = \tau_0 \left[1 - \left(1 - \frac{\tau_2}{\tau_0} \right) e^{-\frac{r}{T_r}} \right]. \tag{6b}$$

Aus diesen beiden Gleichungen können die beiden Erwärmungsgrenzwerte τ_1 und τ_2 berechnet werden. Von praktischer Bedeutung

---

*) Macht man nicht die Voraussetzung, daß sehr lange Zeit seit Beginn dieses Vorganges vergangen ist, so ist die Temperatur des Körpers zu Beginn der Zeit a und am Ende der Zeit r nicht dieselbe. Dieser allgemeinere Fall ist von Douglas[2]) behandelt worden, während der oben besprochene Sonderfall zum ersten Mal von Oelschläger[23]) veröffentlicht ist.

ist aber nur der höhere Wert τ_2, der als der höchste auftretende die Zulässigkeit der Belastung bedingt. Nun ist aber τ_m diejenige Erwärmung, die der Körper bei derselben Wärme- entwicklung im Beharrungszustande annähme, dagegen τ_2 die höchste Erwärmung, die er wirklich annimmt; folglich gibt uns der Quotient $\dfrac{\tau_m}{\tau_2}$ das Verhältnis, in welchem der Körper bei der- selben zulässigen Temperaturgrenze stärker belastet werden darf, also das Verhältnis, in welchem die in dem Körper in Wärme umgesetzte Energiemenge infolge der kurzzeitigen Belastung ver- größert werden darf. Wir wollen dies Verhältnis mit p bezeichnen und diese Größe **Überlastungsverhältnis** nennen. Ähnlich soll das Verhältnis $\dfrac{\tau_0}{\tau_2}$ mit p_0 bezeichnet werden. Führt man diese beiden Verhältnisse in die Gl. (6a) und (6b) ein und elimi- niert die Größe τ_1, so erhält man nach entsprechender Umformung:

$$ p = \frac{1 - e^{-\left(\frac{a}{T_a} + \frac{r}{T_r}\right)}}{1 - e^{-\frac{a}{T_a}}} - p_0\, e^{-\frac{a}{T_a}} \cdot \frac{1 - e^{-\frac{r}{T_r}}}{1 - e^{-\frac{a}{T_a}}}. \tag{7} $$

Dieser allgemeine Fall wird aber für Anlasser und verwandte Apparate kaum jemals gebraucht; es wird meist bei diesen während der Ruhezeit r keine Wärme entwickelt, und daher kann man $p_0 = 0$ setzen. Ferner kann man für diese Apparate die Zeit- konstante für die Arbeitszeit und die für die Ruhezeit als gleich voraussetzen, also $T_a = T_r = T$ schreiben. Hiermit vereinfacht sich die abgeleitete Gleichung zu:

$$ p = \frac{1 - e^{-\frac{a + r}{T}}}{1 - e^{-\frac{a}{T}}} = \frac{1 - e^{-\frac{a + r}{a} \cdot \frac{a}{T}}}{1 - e^{-\frac{a}{T}}}. \tag{7a} $$

Hiervon ist noch ein Sonderfall von großer Bedeutung, nämlich der, daß der Körper sehr lange Zeit zum Abkühlen hat. Man kann dann in Gl. (7a) gleich zur Grenze übergehen und $r = \infty$ setzen, womit sich ergibt:

$$ p = \frac{1}{1 - e^{-\frac{a}{T}}}. \tag{7b} $$

Dies sind die beiden wichtigsten Gleichungen für die Erwärmungsberechnung bei aussetzenden Betrieben. In Abb. 4 ist die Gl. (7a) in Kurven dargestellt, wobei p als Ordinate, das Verhältnis $\dfrac{a}{a+r}$, das man auch den **Belastungsfaktor** nennt, als Abszisse und $\dfrac{a}{T}$ als Parameter gewählt ist.

Für den Fall sehr großer Zeitkonstante kann man die Formeln noch etwas vereinfachen durch Entwicklung einiger Näherungsausdrücke. Die Exponentialfunktion kann auch durch eine unendliche Potenzreihe dargestellt werden. Es ist

$$e^{-x} = 1 - x + \frac{x^2}{2} - \frac{x^3}{6} + \frac{x^4}{24} - \cdots,$$

und hier kann man sich bei sehr kleinem x auf die ersten beiden Glieder beschränken, also schreiben

$$e^{-x} \approx 1 - x \quad \text{für} \quad x \ll 1.$$

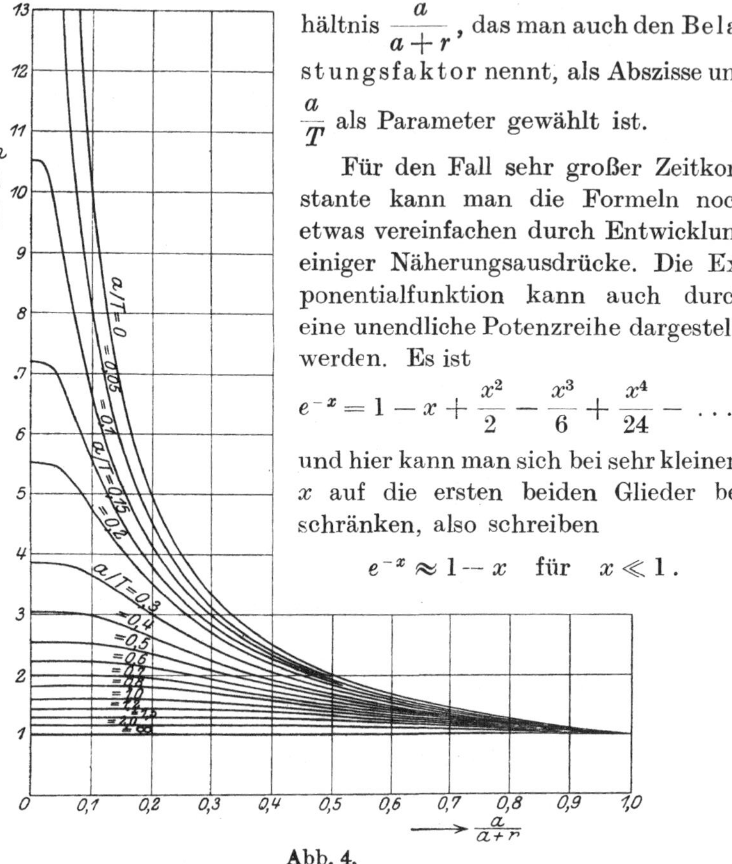

Abb. 4.

Ist daher die Dauer einer Periode $(a + r)$ klein gegenüber der Zeitkonstanten T, so erhält man aus Gl. (7a) die Näherungsformel

$$p = \frac{a + r}{a}. \tag{8}$$

Wird der Körper dagegen nur in sehr großen Zwischenräumen erwärmt, so daß er Zeit zum völligen Abkühlen hat, und ist d e

Belastungszeit a klein gegen die Zeitkonstante T, so folgt aus Gl. (7 b) die weitere Näherungsformel

$$p = \frac{T}{a}, \qquad (9)$$

und dies Ergebnis läßt sich auch leicht unmittelbar aus Gl. (2) ableiten. Bei gegebener Erwärmung ist die rechte Seite von Gl. (2) konstant; nennt man dann W_0 den Verbrauch bei Dauerbelastung, W denjenigen für die sehr kurze Zeit a, um eine Erwärmung τ zu erreichen, so ergibt die Gl. (2):

$$\dot{W}_0 \cdot T = c\,G\,\tau = W \cdot a, \qquad (10)$$

also

$$\frac{W}{W_0} = p = \frac{T}{a}$$

wie oben. Die Nährungsformel (9) bedeutet also, daß bei dieser kurzen Belastungszeit die Wärmeabgabe nach außen vernachlässigbar gering ist und nur noch die Wärmeaufspeicherung in Betracht zu ziehen ist.

Wird die Wärme W durch einen elektrischen Strom i in einem Leiter erzeugt, so kann man die Gl. (10) auch in einer andern Form schreiben, die häufig gute Dienste leistet. Es sei

ϱ der spezifische Widerstand in Ohm mm²/m,

γ das spezifische Gewicht in g/cm³,

l die Länge des Leiters in m, q der Querschnitt in mm²,

so ergibt sich aus Gl. (10)

$$i^2 \frac{\varrho\, l}{q} \cdot a = c\,\gamma\,q\,l\,\tau.$$

(Auf der rechten Seite heben sich die Potenzen von 10 gerade fort.) Nun ist i/q die elektrische Stromdichte und werde durch s bezeichnet. Dann erhält man nach Umformung

$$a = \frac{c\,\gamma}{\varrho} \cdot \frac{\tau}{s^2}. \qquad (11)$$

Die Grenze der Anwendbarkeit dieser Formel sowie der Gl. (9) und (10) die im Grunde dasselbe bedeuten, ist durch die Reihenentwicklung der Exponentialfunktion gegeben. Solange das quadratische Glied vernachlässigbar gegen das lineare ist, d. h also, so lange $\frac{a}{2\,T} \ll 1$ ist, kann man Gl. (9), (10) und (11) benutzen.

§ 4. Gang der Erwärmungsberechnung. Um nun die Erwärmung eines Körpers berechnen zu können, müssen folgende Größen bekannt sein:

1. die Wärmemenge, die der Körper für jeden Grad Erwärmung abgeben kann, also die Größe μF aus Gl. (1);
2. die Zeitkonstante, T nach Gl. (2a);
3. die Dauer der Wärmeerzeugung, a;
4. die Periode der Wärmeerzeugung, $a + r$.

Aus diesen Größen kann man nun zunächst das Überlastungsverhältnis p nach Gl. (7a) berechnen. Man wird ferner eine gewisse obere Temperaturgrenze festlegen, die der Körper nicht überschreiten darf, ohne Schaden zu leiden. Bei Annahme einer bestimmten Raumtemperatur ist damit auch die zulässige Erwärmung des Körpers vorgeschrieben. Diese setzen wir gleich der in Abb. 3 mit τ_2 bezeichneten Höchsterwärmung; dann erhalten wir aus der Definition von p (s. S. 7) die Erwärmung

$$\tau_m = p \cdot \tau_2 , \tag{12}$$

die der Körper bei derselben Belastung im Beharrungszustande annehmen würde, und schließlich folgt aus Gl. (1) die Wärmemenge W, die zur Einhaltung der gegebenen Temperaturgrenze unter den gegebenen Bedingungen gerade noch erzeugt werden darf.

Nennen wir also W_0 diejenige Wärmemenge in der Zeiteinheit (Verbrauch), die bei Einhaltung der Erwärmung τ_2 dauernd erzeugt werden darf, so gilt die Gleichung:

$$W_0 = \mu F \tau_2 . \tag{13}$$

und nach Gl. (1) und (12) wird dann:

$$W = \mu F p \tau_2 = p W_0 . \tag{14}$$

Diese zulässige Dauerlast W_0 darf nicht mit dem mittleren Verbrauch bei aussetzendem Betriebe verwechselt werden. Bezeichnet man diesen mit W_m, so wäre er durch die Gleichung definiert:

$$W \cdot a = W_m \cdot (a + r) ,$$

und daher wird:

$$W_m = \frac{p\,a}{a + r}\, W_0 . \tag{15}$$

Aus der Gl. (7a) und der davon abgeleiteten (8) ersieht man, daß nur bei sehr großen Werten von T gegenüber $(a + r)$ oder um gleich zur Grenze überzugehen bei $T = \infty$ der mittlere Verbrauch gleich dem Dauerverbrauch bei derselben Erwärmung wird.

Zum besseren Verständnis der Gl. (13) sei noch darauf hingewiesen, daß das Produkt μF, d. i. die Wärmemenge, die für jeden Grad Erwärmung von dem Körper abgegeben wird und daher auch in ihm entwickelt werden darf, auch etwas anders dargestellt werden kann. Statt die abzugebende Wärme auf die Oberflächeneinheit zu beziehen, kann man sie auch auf die Längeneinheit des Körpers berechnen, wenn dieser etwa in einer bestimmten Richtung beliebig verlängert werden kann. Bezeichnet man die entsprechende Größe mit m, mißt diese also in $\dfrac{\text{Watt}}{\text{m °C}}$, und ist l seine Länge in Metern, so erhält man die entsprechende Gleichung:

$$W_0 = m\, l\, \tau_2 . \tag{13a}$$

Aus Gl. (13) und (13a) folgt die weitere Beziehung $m = \dfrac{\mu F}{l} = \mu u$, wobei u den Umfang dieses Körpers bezeichnet. Die Form des Körpers kann dabei sehr verschieden sein und wir werden im folgenden Abschnitt Widerstandselemente kennenlernen, die in dieser Weise berechnet werden können.

§ 5. Das Ohmsche Gesetz in der Wärmeleitung. Die bisherigen Betrachtungen und Ableitungen setzten voraus, daß der erwärmte Körper in allen seinen Teilen in einem beliebigen Zeitpunkte dieselbe Temperatur besitzt. Dies ist physikalisch nur möglich, wenn der Körper eine so hohe Wärmeleitfähigkeit hat, daß man sie praktisch als unendlich groß ansehen darf; dann findet der Wärmeausgleich sofort statt. Ohne weiteres zulässig in den meisten praktischen Fällen ist diese Annahme bei Metallen. Zum Aufbau von Widerständen benötigt man aber auch andere Stoffe, deren Wärmeleitfähigkeit wesentlich geringer ist, und deren Anwesenheit ist der Grund für die meist beobachtete mehr oder weniger große Abweichung der Erwärmungskurve von der Exponentialkurve, die wir schon im § 2 erwähnten.

In vielen Fällen ist es nun erwünscht, die Wärmeverteilung im Innern eines Körpers kennenzulernen, und um eine solche Rechnung zu ermöglichen, soll hier kurz das Wärmeleitungsgesetz in seiner einfachsten Form gegeben werden. Wer sich genauer mit derartigen Aufgaben beschäftigen will, kann die Ableitung dieses Gesetzes und seine Anwendung in jedem Physikbuche nachlesen[11, 20]).

Man nennt die Wärmemenge, die in der Zeiteinheit einen gegebenen Querschnitt durchströmt, den Wärmestrom. Bezeichnet W die Größe des Wärmestromes, dessen Richtung die der x-Koordinate sei, q die Querschnittsfläche des durchströmten Elements, senkrecht zur Richtung des Wärmestromes, so gilt für die Wärmeleitung die Beziehung:

$$W = -\lambda\, q \frac{\mathrm{d}\tau}{\mathrm{d}x}. \tag{16}$$

Hierin ist λ eine physikalische Konstante und wird Wärmeleitfähigkeit genannt. Das Minuszeichen rührt daher, daß die Temperatur in der Richtung des Wärmestromes abnimmt. Ist W und q konstant, so liefert die Integration:

$$W = \lambda\, q \frac{\tau_1 - \tau_2}{l}, \tag{17}$$

wenn l die Länge des Wärmeleiters ist, an dessen Enden die Temperaturen τ_1 und τ_2 herrschen, und damit haben wir das für elektrische Leitung gefundene Ohmsche Gesetz, das also auch für Wärmeleitung gilt. Dabei entspricht die Temperaturdifferenz der elektrischen Spannung, der Wärmestrom dem elektrischen Strom; schließlich haben wir entsprechend dem elektrischen Widerstand hier den Wärmewiderstand

$$\mathfrak{R} = \frac{l}{\lambda\, q}, \tag{18}$$

der auch in gleicher Weise aufgebaut ist.

Die Anwendung dieses Gesetzes in der Form der Gl. (16) ist nun allerdings nicht immer so einfach wie in der Elektrotechnik, wo man meist Leiter konstanten Querschnitts hat. Dazu kommt noch, daß bei einem von Luft umgebenen Wärmeleiter mit konstantem Querschnitt die Wärme nicht nur in Richtung der Achse strömt, sondern auch von der Oberfläche des Leiters an die Umgebung abgegeben wird. Bei elektrischen Leitern dagegen, wenigstens soweit die uns hier allein interessierende Niederspannung in Betracht kommt, tritt ein seitlicher Stromverlust durch die Oberfläche des Leiters nicht auf.

Wie man die gegebenen Formeln zur Berechnung der Wärmeströmung in Körpern anwendet, soll später an einem Zahlenbeispiel gezeigt werden. An dieser Stelle sei noch eine Formel gegeben, welche bei kurzzeitigen Belastungen häufig sehr gute Dienste leistet. Wir wollen uns einen Körper vorstellen, der, sagen wir, links von einer ebenen Fläche begrenzt ist und sich im übrigen, nach oben und unten, nach vorn und hinten und nach rechts sehr weit ausdehnt. Wird nun der Grenzfläche links Wärme zugeführt, die etwa den Betrag S für die Flächeneinheit haben möge, so wird diese Wärme in einer Richtung senkrecht zur Grenzfläche in das Innere des Körpers weiterströmen, und zwar wird diese Strömung geradlinig verlaufen. Ist nun die Größe S, die wir Wärmestromdichte nennen können, in $\dfrac{\text{Watt}}{\text{cm}^2}$ gegeben, so hat sich nach einer Zeit t (in Sekunden) die Grenzfläche um

$$\tau = 2\,S\sqrt{\dfrac{t}{\pi\,c\,\gamma\,\lambda}} \tag{19}$$

Grad erwärmt[13]). Hierin ist λ in $\dfrac{\text{Watt}}{\text{cm}\cdot{}^0\text{C}}$, c und γ wie bisher einzusetzen. Diese Formel gilt stets, wenn man parallele Wärmeströmung voraussetzen kann, also z. B. auch für einen Stab von konstantem Querschnitt q, dessen Oberfläche vollkommen gegen Wärmeverlust geschützt ist und dessen linker Grenzfläche Wärme zugeführt wird. Der Wärmestrom des Stabes ist dann $W = S \cdot q$. Vorausgesetzt ist dabei allerdings, daß der Stab nach rechts sehr lang ist. Man kann jedoch die Formel auch auf Stäbe von endlicher Länge anwenden, wenn man nur kleine Zeiten in Betracht zieht, so daß die Wirkung der anderen Grenzfläche noch nicht merklich ist.

II. Der Aufbau des Widerstandes.

§ 6. Allgemeines. Auswahl der Leiterart. Wir haben im vorigen Abschnitt zwei Größen kennengelernt, die für die Abmessungen des Widerstandskörpers, die erforderliche Materialmenge, sehr wichtig sind. Es waren dies der Verbrauch W_0, der im Dauerzustande eine gewisse Erwärmung hervorbringt, und die Zeitkonstante. Wie groß diese Erwärmung sein darf, hängt von der Art und dem Aufbau des Widerstandskörpers ab. Das Material darf durch die Erhitzung keinen Schaden leiden, seine chemische und physikalische Beschaffenheit darf sich nicht ändern. Unter diesen Bedingungen können die meisten gebräuchlichen Widerstandsmaterialien Temperaturen von 150 bis 250° C dauernd aushalten, unter Umständen sind auch noch höhere Temperaturen zulässig. Zur Isolierung der stromführenden Teile müssen daher Stoffe benutzt werden, die ebenfalls diesen Temperaturen standhalten können, und hierzu sind vor allem zu rechnen: Glimmer, Asbest, Porzellan.

Es ist ferner darauf zu achten, daß bei denjenigen Teilen, die betriebsmäßig berührt werden müssen, wie Schalthebel, Gehäuse, die verbandsnormalen Erwärmungen nicht überschritten werden, daß ferner beim Einbau der Widerstände an Schalttafeln in der Nähe befindliche andere Apparate und Instrumente nicht durch zu hohe Temperaturen beeinträchtigt werden. Werden die Widerstände im Freien benutzt, etwa für Steuerwalzen, bei Kranen u. dgl., so können unter Umständen wesentlich höhere Temperaturen zugelassen werden als beim Gebrauch in bedeckten Räumen. Bei derselben Außenerwärmung des gesamten Widerstandsapparates, vor allem der der Berührung zugänglichen Teile, kann aber die Erwärmung der stromführenden Teile sowie die diese Erwärmung hervorrufende Strombelastung je nach dem Zusammenbau sehr verschieden sein. Es wäre daher sehr verfehlt, wenn wir hier Zahlen für die Belastbarkeit von Widerstandsdraht oder -band geben würden, da solche Zahlen nur für ganz bestimmte Einbauarten gelten können. Wer einen Widerstand entwirft, muß vielmehr mit dem benutzten Widerstandselement sowie mit dem fertigen Apparate Belastungsversuche anstellen und auf Grund der hierdurch gewonnenen Ergebnisse die zulässige Belastbarkeit des Widerstandes festlegen.

Um jedoch einen Anhalt zu gewinnen, nach welchen Gesichtspunkten man etwa einen Widerstand zu entwerfen hat, wollen wir jetzt die wichtigsten Arten durchsprechen, welche für den Aufbau der Widerstandselemente in Betracht kommen. Dabei sollen einige Fälle ganz durchgerechnet werden, um einen Anhalt zu geben, wie solche Rechnungen durchzuführen sind. Die Anwendung der Rechnung auf andere Fälle erfolgt dann sinngemäß.

Zunächst ist dabei das stromführende Material zu berücksichtigen. Hierfür kann man grundsätzlich jeden Elektrizitätsleiter verwenden. Wo es auf einigermaßen genaue Werte für den elektrischen Widerstand ankommt, benutzt man gute Leiter, also Metalle und ihre Legierungen, denn nur diese geben einen von der Temperatur nahezu unabhängigen Widerstand. Bei der Auswahl des passenden Materials muß man vor allen Dingen solche Metalle bevorzugen, die bei den betriebsmäßig auftretenden Temperaturen chemisch und physikalisch möglichst unveränderlich sind, da sonst der Apparat zu schnell unbrauchbar wird.

Um einen Anhalt zu gewinnen, welches Leitermaterial in bezug auf seinen spezifischen Widerstand für einen bestimmten Zweck am vorteilhaftesten ist, kann man etwa von folgender Überlegung ausgehen. Der Verbrauch in einem gegebenen Widerstande beträgt $W = i^2 \dfrac{\varrho\, l}{q}$ und in einem anderen als Vergleich benutzten Widerstand $W_0 = i^2 \dfrac{\varrho_0\, l_0}{q_0}$, wobei der Strom beide Male denselben Wert haben soll. Durch Division folgt:

$$\frac{W}{W_0} = \frac{\varrho}{\varrho_0}\, \frac{l}{l_0}\, \frac{q_0}{q}\,. \tag{1}$$

Diese Energie wird als Wärme von der Oberfläche wieder abgegeben, also wird $W = \mu\, u\, l\, \tau$ und bei dem Vergleichswiderstand unter Voraussetzung gleicher Erwärmung und gleicher Oberflächenbeschaffenheit $W_0 = \mu\, u_0\, l_0\, \tau$. Den Umfang u kann man auch bei gegebener Querschnittsform durch den Querschnitt q ausdrücken; es sei allgemein $u = \text{konst} \cdot q^\nu$; dann erhält man durch Division der letzten beiden Gleichungen:

$$\frac{W}{W_0} = \frac{u}{u_0}\, \frac{l}{l_0} = \left(\frac{q}{q_0}\right)^\nu \cdot \frac{l}{l_0}\,. \tag{2}$$

Aus (1) und (2) folgt durch Gleichsetzen:

$$\frac{q}{q_0} = \left(\frac{\varrho}{\varrho_0}\right)^{\frac{1}{\nu+1}}. \tag{3}$$

Das Volumen des verbrauchten Materials beträgt $V = q\, l$, und aus (1) und (3) folgt leicht:

$$\frac{V}{V_0} = \frac{q\, l}{q_0\, l_0} = \frac{W}{W_0} \cdot \left(\frac{\varrho}{\varrho_0}\right)^{\frac{1-\nu}{1+\nu}}. \tag{4}$$

In manchen Fällen kommt es aber mehr auf die Leiterlänge als auf die Materialmenge an. Dann ergibt sich aus (1) und (3):

$$\frac{l}{l_0} = \frac{W}{W_0} \cdot \left(\frac{\varrho}{\varrho_0}\right)^{-\frac{\nu}{1+\nu}}. \tag{5}$$

Beispiele: 1. Runddraht, gerade ausgestreckt; es ist $u = \pi d = 2\sqrt{\pi q}$, also $\nu = \frac{1}{2}$ und bei gleichem Verbrauch wird $\frac{V}{V_0} = \left(\frac{\varrho}{\varrho_0}\right)^{\frac{1}{3}}$, $\frac{l}{l_0} = \left(\frac{\varrho}{\varrho_0}\right)^{-\frac{1}{3}}$; das Volumen vergrößert sich, die Länge wird kleiner bei größerem spezifischen Widerstande.

2. Dünnes Band, gerade ausgestreckt. Die Breite werde konstant gelassen; da man für den Umfang die schmalen Seiten vernachlässigen kann, so ist u unabhängig von q, also $\nu = 0$ und daher $\frac{V}{V_0} = \frac{\varrho}{\varrho_0}$, $\frac{l}{l_0} = 1$. Das Volumen steigt proportional dem spezifischen Widerstand, die Länge bleibt ungeändert.

3. Wie vorher, jedoch wird die Stärke konstant gehalten. Dann ist u proportional q, also $\nu = 1$ und daher $\frac{V}{V_0} = 1$; $\frac{l}{l_0} = \left(\frac{\varrho}{\varrho_0}\right)^{-\frac{1}{2}}$. Das Volumen bleibt ungeändert, während die Länge bei größerem spezifischen Widerstand kleiner wird.

Dies sind die praktisch wichtigsten Fälle, und man sieht hieraus, daß das Volumen meist mit Vergrößerung des spezifischen Widerstandes zunimmt. Für den Raumbedarf des gesamten Widerstandskörpers spricht aber in den meisten Fällen das Volumen nur wenig, die Länge jedoch sehr viel mit, und diese nimmt außer für $\nu = 0$ stets mit Vergrößerung von ϱ ab.

Die Praxis hat daher dazu geführt, Metalle mit möglichst hohem spezifischen Widerstande zu verwenden, damit man den Apparat gedrungener bauen kann. Ferner kommt es in vielen Fällen darauf an, ein Widerstandsmaterial zu verwenden, das in dem praktisch benötigten Erwärmungsbereich völlig konstanten Widerstand besitzt. Ein Material, das diese verschiedenen Forderungen erfüllt, hat man in bestimmten Nickel-Kupferlegierungen gefunden.

Das zu verwendende Material wird nun entweder als Draht hergestellt, und zwar hauptsächlich als Runddraht, selten als Flachdraht, oder als Bandmetall; dieses letztere kommt hauptsächlich für größere Stromstärken in Betracht. Die als Flachmetall bezeichneten größeren Leiterquerschnitte kommen für den Widerstandsbau kaum in Betracht. Der Draht oder das Bandmetall wird nun in bestimmter Weise geformt und auch mit Konstruktionsteilen in Verbindung gebracht, und der so entstehende Körper bildet dann das Widerstandselement. Die wichtigsten Arten der im Gebrauch befindlichen Widerstandselemente sollen im folgenden einzeln durchgesprochen werden.

§ 7. Frei aufgehängte Draht- oder Bandspulen. Draht oder dünnes Metallband wird in schraubenförmigen Spulen gewickelt,

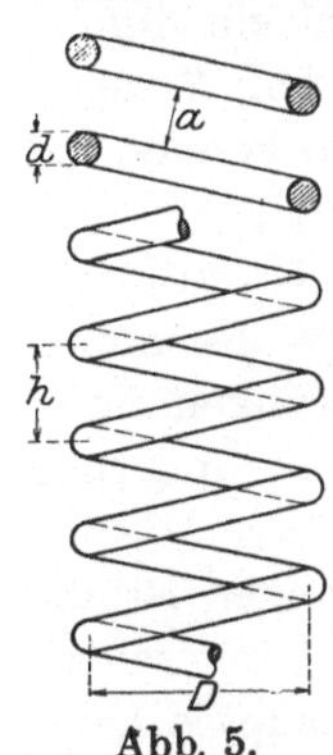

wie Abb. 5 zeigt, die frei in Luft aufgehängt werden. Wickelt man eine Schraubenlinie ab, so erhält man die Länge einer Windung l_1 als Hypotenuse eines rechtwinkligen Dreiecks, dessen eine Kathete der Umfang des Zylinders πD und dessen andere Kathete die Steigung h ist. Nennt man den Steigungswinkel α (siehe Abb. 6), so hat man die Gleichungen:

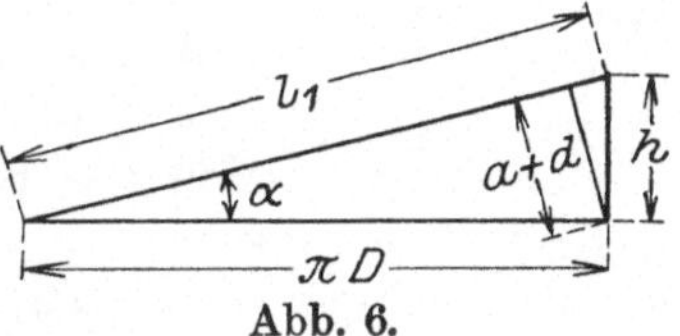

Abb. 5.   Abb. 6.

$$h = \pi D \cdot \operatorname{tg}\alpha,$$
$$a + d = h\cos\alpha = \pi D \sin\alpha, \left.\vphantom{\frac{\pi D}{\cos\alpha}}\right\} \quad (6)$$
$$l_1 = \frac{\pi D}{\cos\alpha} = \frac{h}{\sin\alpha}.$$

Daher tritt in dem Element bei n Windungen ein Verbrauch auf:

$$W = i^2\frac{\varrho\, l_1\, n}{q} = i^2\frac{\varrho\,\pi D n}{q\cos\alpha}, \quad (7)$$

wenn q der Drahtquerschnitt und i die Stromstärke ist, und diese Energiemenge muß von der Oberfläche des Elementes als Wärme an die Umgebung abgegeben werden. Für diesen Vorgang wollen wir den gewickelten Draht als geschlossenen Zylinder betrachten, dessen Mantelfläche Wärme abgibt. Sollte die Anordnung der Drahtspule derart sein, daß in ihrem Innern eine gute Luftströmung einsetzt, so könnte man sie auch als Hohlzylinder betrachten und die innere Mantelfläche ebenfalls als wärmeabführend ansehen. Diese letztere Annahme soll jedoch hier nicht gemacht werden, und daher beträgt die in der Zeiteinheit abgegebene Energiemenge (also der aus dem Zylinder tretende Wärmestrom), die ja im Gleichgewichtszustande gleich der erzeugten Wärme sein muß, nach Gl. (1), § 1

$$W = \mu F \tau = \mu \pi D h n \tau . \tag{8}$$

Aus Gl. (7) und (8) folgt weiter durch Gleichsetzen mit Beachtung von Gl. (6):

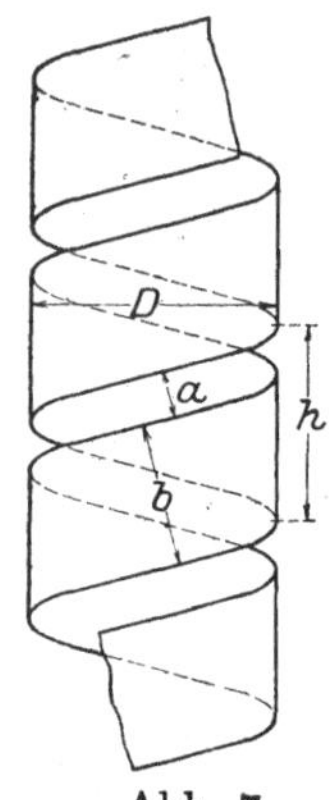

$$\frac{i^2 \varrho}{\mu \tau} = q(a + d) . \tag{9}$$

Statt des Drahtes kann man auch ein dünnes Band schraubenartig wickeln, wie Abb. 7 zeigt. Die sämtlichen bisherigen Ableitungen können auf diese Bandspulen ohne weiteres angewandt werden, wenn man die Bandbreite b statt des Drahtdurchmessers d einsetzt. Für die weitere Rechnung wollen wir uns auf Drahtspulen beschränken, sinngemäß läßt sie sich jedoch ohne große Änderung auch auf Bandspulen anwenden.

Für die Berechnung des Widerstandes ist die

Abb. 7.   linke Seite von Gl. (9) als bekannt anzusehen; unter Annahme eines passenden Wertes des Abstandes a kann man dann die Drahtstärke d berechnen, da ja der Querschnitt $q = \dfrac{\pi}{4} d^2$ dadurch mit bestimmt ist. Um ein Zahlenbeispiel zu nehmen, wählen wir $i = 10$ Amp., $\varrho = 48 \cdot 10^{-6}$ Ohmcm (Rheotandraht), $\mu = 14 \cdot 10^{-4} \dfrac{\text{Watt}}{\text{cm}^2\,°\text{C}}$, $\tau = 150\,°\text{C}$, und erhalten:

$$d^2 (a + d) = \frac{4}{\pi} \cdot \frac{10^2 \cdot 48 \cdot 10^{-6}}{14 \cdot 10^{-4} \cdot 150} = 0{,}0291 \text{ cm}^3 .$$

Nehmen wir jetzt $a = 2d$ an, so wird $d = \sqrt[3]{\dfrac{0{,}0291}{3}} = 0{,}214 \text{ cm}$, und wenn wir dies auf Zehntelmillimeter nach oben abrunden, $d = 2{,}2$ mm. Wenn wir die vorhin genannte Erwärmung von $150\,°\text{C}$ als zulässige Grenze festhalten, so können wir diesen Draht nach Gl. (9) mit

$$i = \sqrt{\frac{\pi}{4} \cdot 0{,}22^2 \cdot (0{,}22 + 0{,}44) \frac{14 \cdot 10^{-4} \cdot 150}{48 \cdot 10^{-6}}} = 10{,}5 \text{ Amp.}$$

belasten. Als Wickeldurchmesser kann man etwa den 6- bis 10-fachen Drahtdurchmesser wählen; es soll sein $D = 20$ mm. Aus Gl. (6) kann man jetzt $\sin\alpha$ und damit $\cos\alpha$ berechnen; es findet sich hier $\cos\alpha = 0,995$, welchen Wert man praktisch gleich 1 setzen kann. Die Drahtlänge einer Windung wird daher $l_1 = \pi \cdot 2$ $= 6,28$ cm und die axiale Länge einer Windung $h = a + d$ $= 0,66$ cm. Damit erhält man dann aus Gl. (4) den Widerstand einer Windung zu:

$$r_1 = \frac{48 \cdot 10^{-6} \cdot \pi \cdot 2,0}{\frac{\pi}{4} 0,22^2} = 7,95 \cdot 10^{-3} \text{ Ohm}$$

und den Verbrauch einer Windung $W_1 = 10,5^2 \cdot 7,95 \cdot 10^{-3}$ $= 0,87$ Watt. Die für eine Windung erforderliche Materialmenge ergibt sich mit $\gamma = 9\,\frac{\text{g}}{\text{cm}^3}$ zu ($\cos\alpha = 1$ gesetzt):

$$G_1 = l_1 \cdot q \cdot \gamma = \pi \cdot 2 \cdot \frac{\pi}{4} \cdot 0,22^2 \cdot 9 = 2,14 \text{ Gramm.}$$

In der Praxis handelt es sich darum, bei einem Anlasser, Regler oder ähnlichen Apparat für die berechneten Stufen des elektrischen Widerstandes schnell das erforderliche passende Material zu bestimmen. Es empfiehlt sich daher, die wichtigsten Zahlen solcher Widerstandselemente, wie wir sie eben für die Drahtspule berechnet haben, für sämtliche gebräuchlichen Drahtstärken in Tabellen zusammenzustellen. Wenn man in diesen Tabellen die Werte für eine Windung, wie oben berechnet, einträgt, so kann sofort für den erforderlichen Widerstand die Anzahl der Windungen abgegriffen werden.

Eine wichtige Größe wollen wir jetzt noch berechnen, nämlich die Wärmezeitkonstante. Nach Gl. (2a) in § 1 erhalten wir diese leicht unter Beachtung der vorhergehenden Ableitungen:

$$T = \frac{cG}{\mu O} = \frac{c\gamma l_1 q n}{\mu u h n} = \frac{c\gamma \cdot \pi D \frac{\pi}{4} d^2}{\mu \pi D h \cos\alpha},$$

also nach Kürzung:

$$T = \frac{c\gamma\pi d}{4\mu\left(1 + \dfrac{a}{d}\right)}. \tag{10}$$

2*

Mit Einsetzung von Zahlenwerten erhält man hierfür:

$$T = \frac{0{,}42 \cdot 9 \cdot \pi \cdot 0{,}22}{4 \cdot 14 \cdot 10^{-4}(1 + 2)} = 155 \text{ Sek.}$$

(Die spezifische Wärme ist hier mit $c = 0{,}42 \dfrac{\text{Joule}}{\text{g} \cdot {}^\circ\text{C}}$ eingesetzt.) Nehmen wir etwa als Belastungszeit 10 Sek. an, so ist nach Gl. (9), § 3, das Überlastungsverhältnis mit genügender Annäherung:

$$p = \frac{T}{a} = \frac{155}{10} = 15{,}5 \, .$$

Da diese Größe p sich auf die Leistung, also das Quadrat des Stromes bezieht, so ist der dauernd zulässige Strom mit $\sqrt{p}$ zu multiplizieren. Wir können daher für diese 10 Sek. den Widerstand mit einem Strome:

$$10{,}5 \cdot \sqrt{15{,}5} = 41{,}2 \text{ Amp.}$$

belasten, um dieselbe Erwärmung wie im Dauerbetriebe zu erhalten.

Abb. 8.

Die hier besprochenen Drahtspulen werden meist senkrecht aufgehängt, wobei sie oben und unten gehalten werden. Eine wesentlich hiervon abweichende Anordnung zeigt die Abb. 8, die von Voigt & Haeffner für Nebenschlußregler angewendet wird. Die Spulen sind hier nur auf kurze Strecken frei tragend; daher können sie sich bei Erwärmung nicht so stark durchbiegen und dichter angeordnet werden. Bei gleicher Sicherheit zeigt dieser Aufbau eine bessere Raumausnutzung.

§ 8. Spulen mit Füllmasse. Diese frei aufgehängten Spulen haben gute Wärmeabfuhr und können daher im Dauerbetrieb entsprechend große Energiemengen aufnehmen. Bei kurzzeitigem Betriebe kann man jedoch diese Energiemengen nur wenig vergrößern, die Spulen sind nur wenig überlastbar, und dies liegt daran, daß ihre Zeitkonstante so klein ist. Um sie hierfür geeignet zu machen, muß man sie in eine andere Masse von genügender Wärmekapazität einbetten. Die gewickelten Draht- oder Bandspulen werden mit

den Rahmen, an denen sie befestigt sind, in einem Gefäß auf-
gestellt und dann dieses Gefäß mit irgendeiner Masse gefüllt,
die alle Zwischenräume gut ausfüllt. Diese Masse kann flüssig
sein, etwa Öl, oder pulverförmig, wie trockener Sand, gebrannter
Zement und ähnliche Stoffe, oder sogar fest, wie Paraffin, oder
Harze, die in flüssigem Zustande hineingetan werden und dann
erstarren. In Abb. 9 ist ein Ölanlasser von Voigt & Haeffner
gezeigt. Der Widerstand ist aus den oben beschriebenen Drahtspulen aufgebaut, die
allerdings hier auf
Porzellankörper auf-
gewickelt sind, um
ein gegenseitiges Be-
rühren unter allen
Umständen auszu-
schließen. Die Kon-
taktplatte mit dem
Bürstenstern ist eben-
falls unter Öl an-
gebracht, wodurch
alle auftretenden Ab-

Abb. 9.

schaltfunken unterdrückt werden. Hierdurch werden die Kontakte geschont. Außerdem wird dadurch die Verwendung des
Anlassers in Räumen mit explosiblen und ätzenden Gasen
zulässig. Die Abschlußplatte für den rechtsstehenden Ölkasten
sitzt unmittelbar unter dem Handrad und ist auf Abb. 9 fort-
gelassen.

Die gemeinsame Eigenschaft aller dieser Stoffe ist die,
daß sie elektrisch gute Isolatoren sein müssen, damit zwischen
den einzelnen Spulen kein Strom übergeht. Man findet auch
die Anordnung, daß jede Spule einzeln in einem Hohlzylinder
steckt, der mit der Masse gefüllt wird. Dann kann man jeden
solchen gepackten Zylinder für sich montieren. Diese Einbettung
der Spulen hätte keinen Zweck, wenn Dauerbelastung in Frage
käme, denn die Luftströmung ist jetzt verhindert und damit die
Wärmeabfuhr wesentlich verkleinert. Der Verbrauch des Widerstandes ist jetzt für eine gegebene Erwärmung durch die Oberfläche des Gefäßes bedingt und diese ist offensichtlich bedeutend
kleiner als die Gesamtoberfläche aller Spulen. Dazu kommt, daß

bei gleicher Erwärmung des Widerstandsdrahtes infolge des Temperaturgefälles in dem festen oder pulverigen Einbettungsstoff die Erwärmung der Gefäßoberfläche und damit auch ihre Wärmeabgabe kleiner sein muß, als wenn die Drahtspulen frei in Luft wären.

Wesentlich günstiger stellen sich in dieser Hinsicht Flüssigkeiten, wie das schon erwähnte Öl. Wird an einer Stelle einer Flüssigkeit, und als solche können wir auch Luft ansehen, in einem dort befindlichen Körper Wärme erzeugt, so teilt sich diese den unmittelbar anliegenden Flüssigkeitsteilchen durch Leitung mit. Die erwärmte Flüssigkeit dehnt sich aus, wird dadurch leichter und infolge Auftriebes strömt sie nach oben. Die auf diese Weise zustande kommende Strömung in der Flüssigkeit (natürliche Konvektion) befördert verhältnismäßig viel Wärme von dem Heizkörper hinweg; seine Erwärmung wird infolgedessen wesentlich kleiner sein, als wenn nur Wärmeleitung zur Fortschaffung der erzeugten Wärme in Betracht käme.

Ganz anders wird das Verhalten des Widerstandes jedoch, wenn es sich um kurze Belastungszeiten handelt, kurz nämlich im Verhältnis zur Zeitkonstanten des Widerstandes.

§ 9. **Zahlenmäßige Durchrechnung eines Widerstandes.** Um ein Urteil über die Zweckmäßigkeit eines Widerstandes für bestimmte Betriebsverhältnisse zu gewinnen, wollen wir für den Widerstand bestimmte Abmessungen annehmen und ihn hierfür durchrechnen. Wir gehen von der vorhin berechneten Spule aus und nehmen für diese 50 Windungen an. Dann beträgt die Wickellänge $n\,h = 50 \cdot 0{,}66 = 33{,}0$ cm; es sollen 37 solcher Spulen senkrecht nebeneinander in einer Entfernung von 5,0 cm aufgehängt sein. In

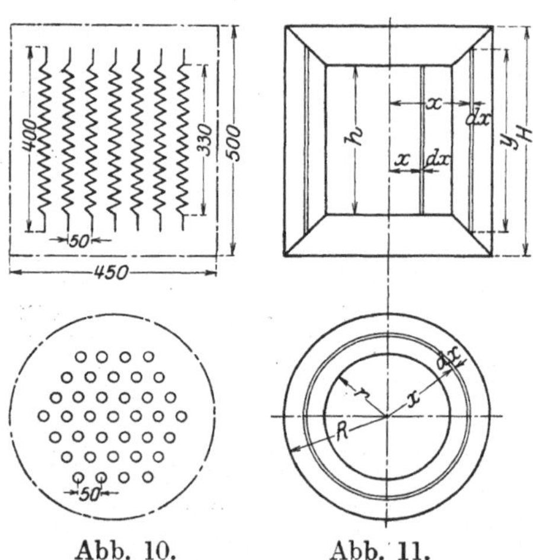

Abb. 10.   Abb. 11.

Abb. 10 ist die Anordnung der Spulen schematisch angedeutet unter Fortlassung des Rahmens und sonstiger Einzelheiten des

Aufbaus. Die Abmessungen sind in mm eingetragen. Als Füllung wollen wir reinen trockenen Sand annehmen, dessen spezifische Wärme etwa $c\,\gamma = 2{,}0 \,\dfrac{\text{Joule}}{\text{cm}^3\,{}^\circ\text{C}}$ beträgt. Sind sämtliche Spulen in Reihe geschaltet, so beträgt ihr Widerstand:

$$r = 50 \cdot 37 \cdot 7{,}95 \cdot 10^{-3} = 14{,}7 \text{ Ohm.}$$

Das Gehäuse des Widerstandes möge frei stehen, dann kommt für die Abkühlung die Mantelfläche in Betracht. Die obere wagerechte Fläche soll unberücksichtigt bleiben, da über dem Widerstandskörper mit dem Füllmaterial ein freier Raum bleibt, um die Verbindungsleitungen nach dem als Deckel ausgebildeten Stufenschalter unterzubringen. Die hierin befindliche ruhende Luftschicht läßt aber nur wenig Wärme durch. Das in die Abb. 10 eingetragene Höhenmaß soll nur die Höhe der Füllung angeben.

Welche Erwärmung können wir nun zulassen? Um hierüber ein Urteil zu gewinnen, wollen wir die Wärmeströmung in dem Widerstandskörper untersuchen. Zu diesem Zwecke idealisieren wir den Körper und ersetzen ihn, wie in Abb. 11 gezeigt, durch einen Zylinder. In jedem Raumelement dieses Zylinders soll eine konstante Wärmemenge in der Zeiteinheit erzeugt werden, und zwar soll diese $w\,\dfrac{\text{Watt}}{\text{cm}^3}$ betragen. Nun schneiden wir aus dem Körper ein dünnes Zylinderelement vom Radius x und der radialen Stärke $\mathrm{d}x$ heraus, wobei $x < r$ sein soll. Strömt die Wärme nur radial, wie wir es für unsere Ableitung voraussetzen wollen, so beträgt die Wärmemenge, die das Zylinderelement in der Zeiteinheit durchströmt, nach Gl. (16), § 5

$$-2\,\lambda\,\pi\,x\,h\,\frac{\mathrm{d}\tau}{\mathrm{d}x}\,,$$

worin τ die Erwärmung des betrachteten Körpers über die äußere Umgebung ist, wie wir es ja durchweg gesetzt haben. Diese Wärmemenge muß im Beharrungszustande gleich der im Innern des Zylinders vom Radius x erzeugten Wärme sein, und diese beträgt $w\,\pi\,x^2\,h$. Wir erhalten daher durch Gleichsetzen dieser beiden Werte und Wegheben des gemeinsamen Faktors $\pi\,x\,h$ die folgende Differentialgleichung:

$$w\,x + \lambda\,2\,\frac{\mathrm{d}\tau}{\mathrm{d}x} = 0\,. \tag{11}$$

Diese Gleichung ist leicht zu lösen; zur Bestimmung der Integrationskonstanten führen wir die Bedingung $\tau = \tau_1$ für $x = r$ ein und erhalten als Lösung:

$$\tau = \tau_1 + \frac{w}{4\,\lambda}\,(r^2 - x^2)\,. \tag{12}$$

Die Höchsterwärmung tritt in der Mitte auf ($x = 0$) und hat den Wert

$$\tau_0 = \tau_1 + \frac{w}{4\,\lambda}\,r^2\,. \tag{12a}$$

Die mittlere Erwärmung wird durch die Gleichung definiert

$$\tau_m \cdot r^2\,\pi = \int_0^r \tau\,2\,\pi\,x\,\mathrm{d}x \tag{13}$$

und dies gibt mit Einsetzung von τ aus Gl. (12) ausgerechnet

$$\tau_m = \tau_1 + \frac{w}{8\,\lambda}\,r^2\,. \tag{13a}$$

Aus Gl. (12a) und (13a) findet sich ferner die einfache Beziehung

$$\tau_m = \tfrac{1}{2}\,(\tau_0 + \tau_1) \tag{14}$$

oder auch

$$\tau_m - \tau_1 = \tfrac{1}{2}\,(\tau_0 - \tau_1)\,{}^{24})\,, \tag{14a}$$

also ergibt sich hier die mittlere Erwärmung als arithmetisches Mittel aus dem Höchstwerte und der Erwärmung am Umfang.

Im äußeren Teil, nämlich für $x > r$, wird keine Wärme erzeugt, daher ist der Gesamtwärmestrom für jedes Zylinderelement gleich groß und möge den Wert W haben. Es werde angenommen, daß der Wärmestrom sich allmählich von dem wärmeerzeugenden Zylinder der Höhe h ausbreitet auf den wärmeabgebenden von der Höhe H, und zwar soll diese Zunahme linear mit dem Radius geschehen. Die Differentialgleichung der Wärmeströmung lautet daher

$$W + \lambda\,2\,\pi\,x\,y\,\frac{\mathrm{d}\tau}{\mathrm{d}x} = 0\,, \tag{15}$$

wobei, wie aus der Abb. 11 ohne weiteres ersichtlich, y durch die Gleichung bestimmt ist

$$\frac{y - h}{H - h} = \frac{x - r}{R - r}\,. \tag{16}$$

Mit der Grenzbedingung, daß $\tau = \tau_a$ für $x = R$ sein soll, ergibt
die Integration der Gl. (15) nach einfacher Umformung

$$\tau = \tau_a + \frac{W}{\lambda\,2\,\pi\,h} \cdot \frac{1 - \dfrac{r}{R}}{1 - \dfrac{H\,r}{h\,R}}\; \ln \frac{R\,h}{x\,H}\left[1 + \left(\frac{H}{h} - 1\right)\frac{x - r}{R - r}\right]. \qquad (17)$$

Für $x = r$ müssen wir wieder die Erwärmung τ_1 am Umfange
des inneren Zylinders erhalten, und diese beträgt daher

$$\tau_1 = \tau_a + \frac{W}{\lambda\,2\,\pi\,h} \cdot \frac{1 - \dfrac{r}{R}}{1 - \dfrac{H\,r}{h\,R}}\; \ln \frac{R\,h}{r\,H} = \tau_a + \frac{W \cdot \alpha}{\lambda\,2\,\pi\,h}, \qquad (17a)$$

wobei α den Zahlenfaktor des zweiten Gliedes bezeichnet, der
nur von den Abmessungen abhängig ist. Der Wärmestrom W
wird von dem inneren Zylinder geliefert, ist also gleich der gesamten dort erzeugten Wärme und daher durch die Gleichung
bestimmt

$$W = w \cdot \pi\,r^2\,h. \qquad (18)$$

Von der Oberfläche des Gefäßes wird dann dieser Wärmestrom
an die umgebende Luft abgeführt; es muß daher auch sein

$$W = \mu\,F\,\tau_a = \mu\,2\,\pi\,R\,H\,\tau_a. \qquad (19)$$

Nun können wir τ_a und τ_1 aus den Gl. (13a), (17a) und (19) eliminieren, und wenn wir noch in Gl. (13a) w durch W ausdrücken,
so erhalten wir

$$W = \mu\,2\,\pi\,R\,H \cdot \left[\tau_m - \frac{W}{8\,\pi\,h\,\lambda} - \frac{W\,\alpha}{2\,\pi\,h\,\lambda}\right].$$

Diese Gleichung lösen wir jetzt nach W auf und erhalten

$$W = \frac{\mu \cdot 2\,\pi\,R\,H \cdot \tau_m}{1 + (1 + 4\,\alpha)\,\dfrac{\mu}{4\,\lambda}\dfrac{R}{h}\,H}. \qquad (20)$$

Als Zähler haben wir jetzt wieder denselben Ausdruck wie in
Gl. (19), nur daß jetzt die mittlere Erwärmung des Widerstandskörpers statt der Oberflächenerwärmung darin steht. Der Nenner
gibt das Verhältnis dieser beiden Zahlen.

Jetzt können wir unser Zahlenbeispiel weiter fortführen. Für die benutzten Abmessungen ergeben sich aus Abb. 10 die folgenden Zahlenwerte:

$$r = 15 \text{ cm}; \quad R = 22{,}5 \text{ cm}; \quad h = 40 \text{ cm}; \quad H = 50 \text{ cm}.$$

Für die Wärmeleitfähigkeit von Sand kann man etwa setzen

$$\lambda = 31 \cdot 10^{-4} \frac{\text{Watt}}{\text{cm °C}};$$

der Faktor α beträgt nach Gl. (17a):

$$\alpha = \frac{1 - \dfrac{15}{22{,}5}}{1 - \dfrac{15}{22{,}5} \cdot \dfrac{50}{40}} \ln \frac{22{,}5 \cdot 40}{15 \cdot 50} = 2 \cdot \ln 1{,}2 = 0{,}365 ,$$

und damit ergibt sich der Nenner von Gl. (20) zu:

$$1 + (1 + 4 \cdot 0{,}365) \cdot \frac{14 \cdot 10^{-4} \cdot 22{,}5}{4 \cdot 31 \cdot 10^{-4}} \cdot \frac{50}{40} = 8{,}8 .$$

Für die mittlere Erwärmung setzen wir wieder $\tau_m = 150°\,\text{C}$ und erhalten dann als zulässigen Verbrauch:

$$W = \frac{14 \cdot 10^{-4}}{8{,}8} \cdot 2\,\pi \cdot 22{,}5 \cdot 50 \cdot 150 = 168 \text{ Watt.}$$

Da der Widerstand 14,7 Ohm beträgt, so wird der zulässige Strom $i = \sqrt{\dfrac{168}{14{,}7}} = 3{,}38$ Amp., er ist also auf etwa den dritten Teil desjenigen Stromes gesunken, der bei freiem Aufbau der Spulen in Luft die gleiche Erwärmung erzeugt. Aus Gl. (19) können wir die Erwärmung der Gefäßoberfläche berechnen. Einfacher erhalten wir jedoch diese aus der Überlegung, daß der Nenner von Gl. (20) das Verhältnis von τ_m zu τ_a darstellt. Daher ist

$$\tau_a = \frac{150}{8{,}8} = 17°\,\text{C.}$$

Zur Beurteilung der Beanspruchung des Materials ist es von Wichtigkeit, die Höchsttemperatur im Widerstande zu kennen. Aus Gl. (12a), (13a) und (18) folgt:

$$\tau_0 - \tau_m = \frac{w\,r^2}{8\,\lambda} = \frac{W}{8\,\pi\,h\,\lambda},$$

also mit Einsetzung der Zahlenwerte:

$$\tau_0 - \tau_m = \frac{168 \cdot 10^4}{8\,\pi \cdot 40 \cdot 31} = 54^\circ\,\mathrm{C}.$$

Die heißeste Stelle des Widerstandes, die Mitte, erwärmt sich also um $150 + 54 = 204^\circ\,\mathrm{C}$ gegenüber der Luft außerhalb des Widerstandskörpers.

Nachdem wir bisher den Widerstand für Dauerbelastung berechnet haben, wollen wir nun sein Verhalten bei kurzzeitigen Belastungen untersuchen. Wie stark wir den Widerstand belasten dürfen, wenn wir nur die Wärmekapazität des Metalls berücksichtigen, hatten wir schon berechnet; es ergab sich ein Strom von 41,2 Amp. bei 10 Sek. Belastungsdauer. Während dieser Zeit strömt aber schon ein Teil der Wärme aus dem Metall ab in das umgebende Mittel, und es fragt sich, wie wir dies berücksichtigen können. In Abschn. I haben wir in Gl. (19) eine Formel kennengelernt, aus welcher wir für einen Körper mit ebener Grenzfläche deren Erwärmung berechnen können, wenn dieser Grenzfläche eine kleine Zeit hindurch eine gewisse Wärmemenge zugeführt wird. In unserem Falle haben wir nun keine ebene Grenzfläche und parallele Wärmeströmung, die für die Gl. (19) Voraussetzung ist, sondern der Wärmestrom breitet sich allmählich auf immer größere Querschnitte aus, der Wärmewiderstand des leitenden Mittels ist also kleiner und daher auch die Erwärmung der Grenzfläche. Wir wollen jedoch die Formel für unseren Fall anwenden, sind uns aber bewußt, daß wir damit bei gegebener Erwärmung einen zu kleinen Wärmestrom erhalten, also zu sicher rechnen. Wir erhalten nun den gesamten Wärmestrom, der von der Oberfläche des Widerstandsdrahtes ausgeht, zu

$$W = S \cdot \pi d \cdot l_1\, n = S\,\frac{\pi^2 d\,D}{\cos\alpha} \cdot n\,. \tag{21}$$

Mit Einsetzung der Zahlenwerte wird zunächst die Wärmestromdichte, die in einer Zeit von $t = 10$ Sek. eine Erwärmung von 150° C auf der Drahtoberfläche hervorbringt, aus Gl. (19), § 5

$$S = \frac{\tau}{2}\sqrt{\frac{\pi\,c\,\gamma\,\lambda}{t}} = \frac{150}{2}\sqrt{\frac{\pi \cdot 2,0 \cdot 31}{10 \cdot 10^4}} = 3,31\,\frac{\mathrm{Watt}}{\mathrm{cm}^2}\,.$$

Aus Gl. (21) folgt dann weiter der gesamte Wärmestrom, also der Verbrauch des Apparates:

$$W_2 = 3,31 \cdot \pi \cdot 0,22 \cdot 6,28 \cdot 50 \cdot 37 = 26\,500\,\mathrm{Watt}.$$

Dazu kommt noch der Verbrauch, den der Draht selbst infolge seiner Wärmekapazität aufnehmen kann, um in 10 Sek. sich um $150°$ C zu erwärmen. Dieser beträgt:

$$W_1 = c \cdot G_1 \, n \cdot \frac{\tau}{t} = 0{,}42 \cdot 2{,}14 \cdot 50 \cdot 37 \cdot \frac{150}{10} = 24\,900 \text{ Watt.}$$

Dies ist natürlich derselbe Verbrauch, der sich für den schon früher berechneten zulässigen Strom der frei aufgehängten Drahtspule ergibt, denn $41{,}2^2 \cdot 14{,}7 = 24\,900$. Wir sehen also, daß wir infolge der Einbettung des stromführenden Leiters in einen Stoff mit hoher Wärmekapazität die Belastung des Leiters etwa auf das Doppelte vergrößern können. Wir erhalten also jetzt einen zulässigen Strom von:

$$i = \sqrt{\frac{W_1 + W_2}{r}} = \sqrt{\frac{26\,500 + 24\,900}{14{,}7}} = 59{,}2 \text{ Amp.}$$

Dieser Widerstand ist, wie wir sehen, zur kurzzeitigen Aufnahme großer Wärmemengen sehr geeignet, für Dauerbetrieb ist dagegen die zulässige Belastung äußerst gering (s. S. 26). Wollte man diesen Widerstand für aussetzenden Betrieb verwenden, so würde man ebenfalls für eine vorgeschriebene Erwärmung auf verhältnismäßig geringe Last kommen, und dies ist dadurch erklärt, daß die Wärme einen langen Weg durch die Füllmasse hat, bis sie in die Luft abströmen kann. Wir wollen hier daher auf eine Anordnung zurückgreifen, die wir auf S. 21 schon kurz erwähnten, nämlich die, daß jede Spule einzeln in einen Zylinder mit Sandfüllung gesteckt wird und daß die Oberfläche dieser Zylinder von Luft gut bestrichen wird. Der Durchmesser dieses Zylinders sei 40 mm, so daß außerhalb der Spule noch eine Sandschicht von etwa 10 mm Stärke bleibt. Im Innern der Spule strömt keine Wärme, daher ist hier die Temperatur überall gleich der des Drahtes. Im äußeren Ring können wir Gl. (17a) anwenden, wobei wir jedoch der Einfachheit halber $H = h$ setzen wollen. Aus Gl. (19), in der wir h statt H setzen, und Gl. (17a) erhalten wir

$$\tau_1 = \frac{W}{\mu \, 2 \, \pi \, R h} + \frac{W \alpha}{\lambda \, 2 \, \pi \, h},$$

also

$$W = \frac{\mu \, 2 \, \pi \, R h \, \tau_1}{1 + \alpha \dfrac{\mu \, R}{\lambda}}. \tag{22}$$

Nun ist hier $r = 1\ \text{cm}$, $R = 2\ \text{cm}$, $h = 40\ \text{cm}$; damit wird zunächst

$$\alpha = \ln \frac{R}{r} = \ln 2 = 0{,}693\,,$$

so daß also der Nenner von Gl. (22) beträgt

$$1 + 0{,}693 \cdot \frac{14 \cdot 10^{-4} \cdot 2}{31 \cdot 10^{-4}} = 1{,}625\,.$$

Für die Erwärmung der Spule wollen wir wieder $\tau_1 = 150°\,\text{C}$ annehmen; dann wird der zulässige Verbrauch für eine Spule

$$W = \frac{14 \cdot 10^{-4}}{1{,}625} \cdot 2\,\pi \cdot 2 \cdot 40 \cdot 150 = 65\ \text{Watt}.$$

Für alle 37 Spulen des Widerstandes beträgt daher der Verbrauch $65 \cdot 37 = 2410\ \text{Watt}$ gegenüber 168 Watt vorher; der zulässige Strom ist daher

$$i = \sqrt{\frac{2410}{14{,}7}} = 12{,}8\ \text{Amp.}$$

Wir sehen, daß bei dieser geringeren Schichtdicke die Füllmasse günstig auf die Erwärmung des Leiters wirkt, da zur Erreichung derselben Leitertemperatur der Strom hier höher ist als bei frei aufgehängter Spule*).

Die Erwärmung der Zylinderoberfläche ergibt sich zu

$$\tau_a = \frac{150}{1{,}625} = 92°\,\text{C}\,.$$

Jetzt wollen wir den Wärmeinhalt dieses Zylinders berechnen. Der äußere Zylinderring hat ein Volumen

$$\pi\,(R^2 - r^2)\,h = \pi\,(2^2 - 1^2)\,40 = 377\ \text{cm}^3\,.$$

Für die Erwärmung wollen wir den arithmetischen Mittelwert einsetzen, also $\frac{1}{2}\,(150 + 92) = 121°\,\text{C}$. [Genau genommen müßte man die mittlere Erwärmung aus der Gl. (13) mit den Grenzen r und R berechnen, wobei τ aus Gl. (17) mit $H = h$ zu entnehmen ist. Doch beträgt der Unterschied nur wenige Prozent und ist für unsere Rechnung bedeutungslos.] Mit der schon angegebenen spezifischen Wärme (s. S. 23) erhalten wir $2 \cdot 377 \cdot 121 = 91\,200$ Joule. Dazu kommt der innere Zylinder mit der kon-

---

*) Auf diese Wirkung von Isolierstoffen ist schon in dem Buche: Herzog und Feldmann: Die Berechnung elektrischer Leitungsnetze, Berlin 1905, Verlag von Julius Springer, hingewiesen worden.

stanten Erwärmung von $150°\,C$, der eine Wärmemenge von $2 \cdot \pi \cdot 1^2 \cdot 40 \cdot 150 = 37\,700$ Joule aufgenommen hat. Schließlich ist noch die Spule zu berücksichtigen. Ihr Volumen beträgt

$$\frac{\pi}{4}\,d^2 \cdot \pi\,D \cdot n = \frac{\pi}{4} \cdot 0{,}22^2 \cdot \pi \cdot 2{,}0 \cdot 50 = 11{,}9\ \text{cm}^3$$

und daher ihre Wärmekapazität $0{,}42 \cdot 9{,}0 \cdot 11{,}9 \cdot 150 = 6800$ Joule. Die Gesamtkapazität des Zylinders beträgt daher

$$K = 91\,200 + 37\,700 + 6800 = 135\,700\ \text{Joule}\,.$$

Da wir den zulässigen Verbrauch oben mit 65 Watt berechnet haben, so ergibt sich aus Gl. (2), § 1, eine Zeitkonstante von

$$T = \frac{K}{W} = \frac{135\,700}{65} = 2085\ \text{Sek.} \approx 35\ \text{Min.}$$

Dieser Wert ist aber bei kurzen Belastungszeiten mit Vorsicht anzuwenden, und zwar aus folgenden Gründen. Während der Arbeitszeit wird sich vom Leiter aus ein starkes Wärmegefälle ausbilden, so daß der Leiter eine entsprechend höhere Erwärmung zeigt als die Füllung. Diese Verschiedenheit sucht sich dann während der Ruhezeit auszugleichen und zu verschwinden. Vollständig wird dies jedoch nicht zustande kommen, und je kürzer die Arbeitszeit gegen die Ruhezeit ist, um so schärfer werden diese Ungleichheiten ausgeprägt sein. Die wirkliche Erwärmung des Leiters überschreitet also die oben vorausgesetzte um so mehr, je kürzer die Arbeitszeit ist. Wir können diese Erscheinung auch dadurch ausdrücken, daß wir sagen, der Leiter an sich habe eine kleinere Zeitkonstante. Den zulässigen Strom für eine Zeit von 10 Sek. haben wir oben zu 59,2 Amp. berechnet, der Dauerstrom betrug 12,8 Amp., also haben wir ein Überlastungsverhältnis

$$p = \frac{59{,}2^2}{12{,}8^2} = 21{,}5$$

und damit wird die Zeitkonstante für den Leiter selbst

$$T = p \cdot a = 21{,}5 \cdot 10 = 215\ \text{Sek.} = 3{,}6\ \text{Min.}$$

Bei Berechnung von Widerständen für aussetzenden Betrieb ist daher immer zu beachten, daß die errechnete Belastung nicht den Wert überschreitet, welcher der Aufnahmefähigkeit des Leiters selbst und seiner nächsten Umgebung für die vorausgesetzte Erwärmung entspricht.

§ 10. Widerstandsrahmen. Die in § 7 besprochenen frei gespannten Spulen haben besonders bei größerer Länge den Übelstand, daß sie durch Stöße und Erschütterungen leicht zur gegenseitigen Berührung kommen. Um so mehr kann dies bei Belastung vorkommen, wo die Spulen schon durch ihre Erwärmung sich durchbiegen und dadurch Schlüsse herbeiführen. Man wickelt daher in Fällen, wo die Aufstellung nicht vollständig erschütterungsfrei erfolgen kann, den Draht oder das Band straff über Eisenrahmen, die durch Porzellanreiter isoliert sind. Diese Porzellanreiter sind mit Rillen versehen, in welche die Drähte eingelegt werden. Abb. 12 zeigt eine bei den Siemens-Schuckert-Werken übliche Ausführung dieser Art *). Man kann hier ziemlich kleine Drahtabstände wählen, ohne Berührung befürchten zu müssen. Die Berechnung der zulässigen Belastung geschieht hier ähnlich wie bei den Drahtspulen, indem man etwa eine bestimmte Wärmestromdichte für die Rahmenfläche zugrunde legt. Da man hier in ziemlich weiten Grenzen für verschiedene Drahtstärken dasselbe Porzellanmuster wird verwenden wollen, so bleibt die Windungszahl für eine bestimmte Rahmenlänge stets die gleiche, und da hierfür die Wärmeabgabe bei derselben Erwär-

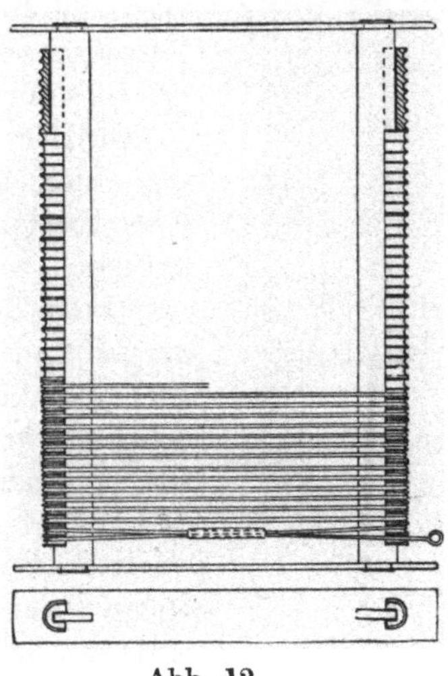

Abb. 12.

mung ebenfalls konstant bleibt, so muß bei einer Änderung des Querschnittes der Strom proportional der Drahtstärke wachsen. Die Zeitkonstante ist etwa von derselben Größenordnung wie bei den frei in Luft aufgehängten Drahtspulen; infolgedessen kann man bei kurzzeitiger Belastung die Stromstärke nicht wesentlich höher wählen.

---

*) Die Abbildung ist der Starkstromtechnik[22]) (Abb. 53, S. 711) entnommen worden. Der Druckstock dafür wurde mir von dem Verlage Wilh. Ernst u. Sohn, Berlin, freundlichst zur Verfügung gestellt, wofür ich meinen besten Dank sage. D. Verf.

§ 11. Porzellanzylinder. Um den Draht bei kurzzeitiger Belastung höher beanspruchen zu können, hat man ihn auf Porzellanzylinder aufgewickelt. ˙ Im erwärmten Zustande dehnt sich der Draht aus, und damit er sich hierbei nicht verschiebt, wodurch Nachbarwindungen berührt und diese kurzgeschlossen werden können, hat man das Porzellan mit Rillen versehen. Diese Rillen müssen natürlich für verschiedene Drahtstärken auch verschiedene Breite und Tiefe besitzen, um den erwähnten Zweck zu erfüllen. In Abb. 13 ist solch ein Zylinder dargestellt, wie er von den Siemens-Schuckert-Werken verwendet wird. Natürlich wird man auch hier zur Beschränkung der erforderlichen Porzellanmuster für wenig verschiedene Drahtstärken dieselben Zylinder benutzen.

Die Berechnung der zulässigen Belastung kann man hier, ähnlich wie bisher, durch Festlegung einer bestimmten Kühlziffer, durchführen, die natürlich aus Versuchen zu bestimmen ist. Da man beim Zusammenbau die Zylinder nebeneinander auf gemeinsamer Achse aufzureihen pflegt, so kann nur die Mantelfläche als Kühlfläche gerechnet werden. Es empfiehlt sich daher, die zulässige Belastung in Watt für die Längeneinheit des Zylinders festzulegen oder, da die Zylinder meist die gleiche Länge haben, auch den Wärmestrom eines ganzen Zylinders. Die Zeitkonstante wird durch die Aufwicklung des Drahtes auf Porzellan wesentlich erhöht und dürfte etwa zwischen 15 und 25 Minuten liegen.

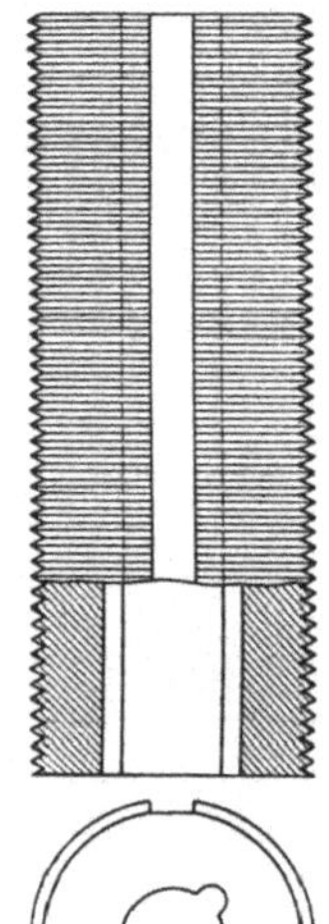

Abb. 13.

Zum Schutze der Drähte, besonders wenn diese sehr dünn sind, um hohe elektrische Widerstände zu erhalten, pflegt man auf den gewickelten Zylinder eine Emaille aufzutragen, so daß die Drähte von dieser vollständig bedeckt und mit dem Porzellan verbunden sind. Hierdurch wird auch ein Losewerden des Drahtes vermieden.

§ 12. Scheibenspulen. Um Widerstände mit hoher Zeitkonstante zu erhalten, hat man auch folgenden Aufbau benutzt: ein dünnes Band aus Widerstandsmaterial wird als Spirale aufgewickelt (wie eine Uhrfeder) und zwischen die einzelnen Windungen ein starkes Band aus Eisen gelegt. Damit keine metallischen Berührungen

auftreten, wird auf jeder Seite des stromführenden Leiters ein dünnes
Band aus Glimmer oder Asbest mitgewickelt. Diese Anordnung ist
in Abb. 14 dargestellt. Dem Band kann man durch seitliche Einschnitte, wie bei der nächsten Widerstandsart in Abb. 15b gezeigt,
einen entsprechend höheren Widerstand für die Längeneinheit
geben und dadurch das Band für kleinere Stromstärken ver-
wendbar machen. Je nach der Stärke des zwischen die Windungen gelegten Eisenbandes wird die Zeitkonstante verschieden sein. Vor allen Dingen wird sie jedoch dadurch
wesentlich vergrößert, daß das Widerstandsmaterial bei der-

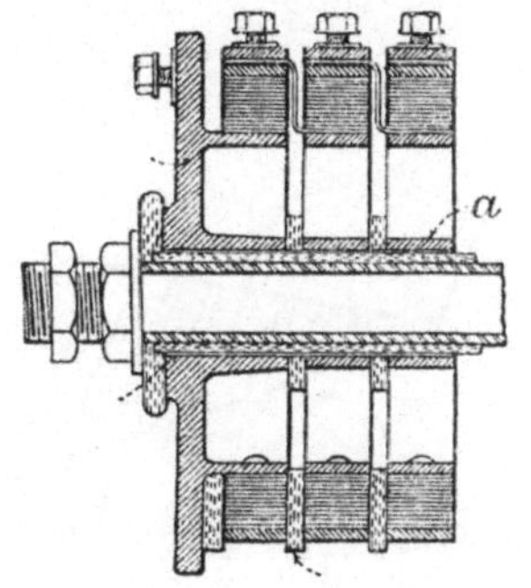
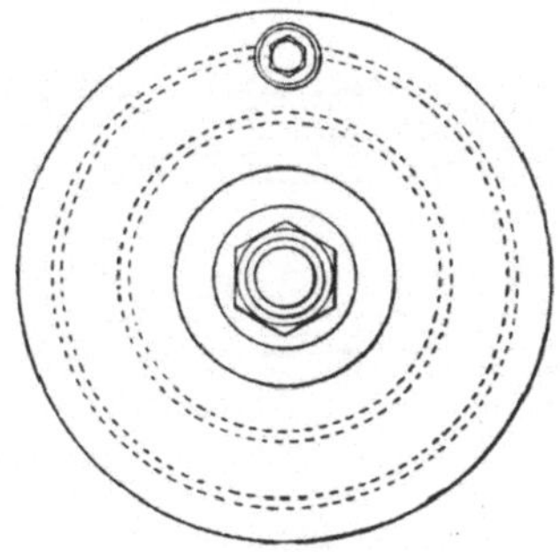

Abb. 14.

artigem Aufbau dicht aufeinanderliegt und daß als kühlende
Oberfläche jetzt diejenige der fertigen Scheibe in Betracht kommt.
Es ist dies natürlich ein bedeutend kleinerer Wert, als wenn das
Band frei in Luft aufgehängt ist. In gleichem Maße wird aber
auch die dauernd abgebbare Wärmemenge kleiner, wie dies auch
schon in dem Zahlenbeispiel für die offenen und eingebetteten
Drahtspulen gezeigt wurde.

§ 13. Paketwiderstände. Mit diesem Namen wird eine andere,
viel gebrauchte Art des Aufbaues von Widerstandselementen
bezeichnet. Ein passendes Band aus Widerstandsmetall wird
zickzackförmig gefaltet und in die einzelnen Falten werden Eisen-
platten eingelegt, die durch Glimmerscheiben von dem stromführenden Band isoliert sind. In Abb. 15a ist der Zusammenbau
des Elements dargestellt; Abb. 15b zeigt, wie das Band gefaltet wird.
Hieraus sieht man auch, daß das Band seitliche Einschnitte besitzt,
die abwechselnd von jeder Seite auf eine gewisse Tiefe in das Band

hineingehen, so daß dieses ein mäanderartiges Aussehen erhält. Durch Veränderung des Abstandes der Einschnitte und durch deren Tiefe kann man bei derselben Bandstärke und -breite für den Widerstand, bezogen auf die Längeneinheit, beliebige Werte erhalten. Man wird jedoch in der Praxis die Abstufung in der Zahl und Tiefe der Einschnitte ziemlich grob wählen, um die Zahl der Stanzwerkzeuge nach Möglichkeit zu beschränken, und durch Benutzung verschiedener Bandstärken die gewünschte feinere Abstufung zu erreichen suchen. Bezüglich der Belastbarkeit und der Zeitkonstanten gilt ungefähr dasselbe, was schon zu der

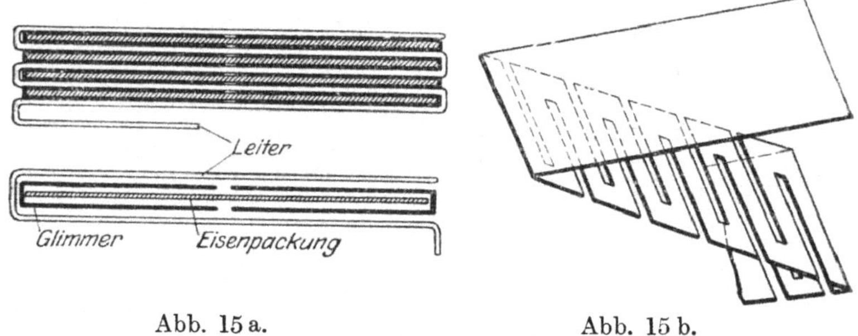

Abb. 15 a.   Abb. 15 b.

vorigen Art (§ 12) von Widerstandselementen gesagt worden ist. Es seien folgende Abmessungen angenommen:

Rheotanband $(0,3 \cdot 30)\,\mathrm{mm^2}$, in 12 Falten von je 80 mm Länge gelegt, 11 Eisenzwischenlagen $(1,5 \cdot 30 \cdot 80)\,\mathrm{mm^3}$, 22 Glimmerzwischenlagen $(0,1 \cdot 30 \cdot 80)\,\mathrm{mm^3}$. Die Länge eines Elements beträgt dann:

$$12 \cdot 0,3 + 22 \cdot 0,1 + 11 \cdot 1,5 = 22,3 \text{ mm}.$$

Die spezifische Wärme (für die Volumeneinheit, also die Größe $c\,\gamma$) beträgt etwa für Glimmer 2,5, für Eisen 3,6 und für Rheotan $3,8\,\dfrac{\text{Joule}}{\text{cm}^3\,{}^\circ\text{C}}$; damit ergibt sich die Wärmekapazität des Elements für 1° C Erwärmung:

$$(12 \cdot 0,03 \cdot 3,8 + 22 \cdot 0,01 \cdot 2,5 + 11 \cdot 0,15 \cdot 3,6)\,3 \cdot 8 = 189\,\dfrac{\text{Joule}}{{}^\circ\text{C}}$$

Mit einer Kühlziffer $\mu = 14 \cdot 10^{-4}$ wie bisher erhält man die von der kühlenden Oberfläche abgegebene Wärmemenge, bezogen auf 1° C Erwärmung:

$$14 \cdot 10^{-4} \cdot 2{,}23 \cdot 2\,(3 + 8) = 0{,}069 \ \frac{\text{Watt}}{°\text{C}} \, .$$

Damit ergibt sich die Zeitkonstante zu $T = \dfrac{189}{0{,}069} \dfrac{1}{60} = 46$ min. Wie wir sehen, ergibt diese Bauart eine wesentliche Vergrößerung der Zeitkonstanten. Den eben berechneten Wert hat man übrigens durch Versuche bestätigt gefunden.

§ 14. Gußeisenroste. Für rauhe Betriebe verwendet man auch gitterartige Widerstandselemente, die aus einer besonderen Eisen-Siliziumlegierung gegossen sind. Der spezifische Widerstand beträgt etwa $0{,}75$ Ohm $\dfrac{\text{mm}^2}{\text{m}}$, und bei Erwärmung steigt er an, etwa 10% für $100°$ C. Infolgedessen ist es nicht empfehlenswert, diese Elemente für solche Apparate zu benutzen, bei welchen auf Einhaltung eines bestimmten elektrischen Widerstandes großer Wert gelegt wird. Dagegen werden diese Elemente sehr wenig durch die

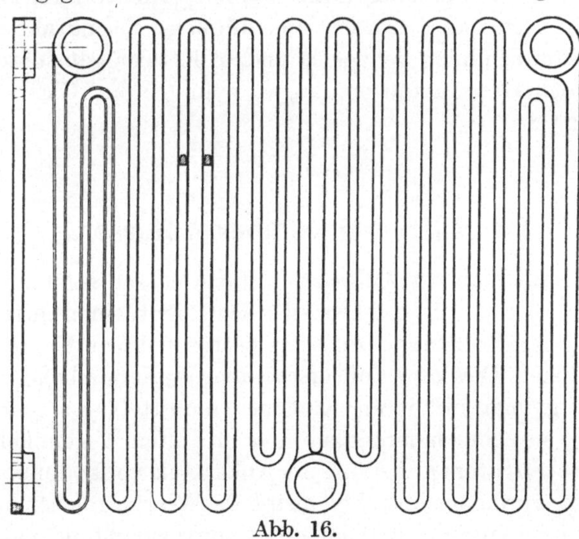

Abb. 16.

Witterung, Regen u. dgl., beeinflußt. Sind sie größeren Erschütterungen ausgesetzt, so müssen besondere Vorsichtsmaßregeln getroffen werden, um Schlüsse untereinander oder gar Bruch zu verhüten. Abb. 16 zeigt ein solches Element. Die Zeitkonstante dieser Elemente liegt je nach deren Größe in der Größenordnung von etwa 5 bis 20 Minuten.

§ 15. Asbestgitterwiderstände (Schniewindt, Neuenrade i. Westf.). Diese sind durch Verwebung von Asbestgarn mit dünnen Widerstandsdrähten entstanden. Sie werden mit ihrer Ebene senkrecht aufgehängt, so daß sie gut gekühlt werden.

§ 16. Eisendrahtwiderstände für Konstantstrom. Das Eisen besitzt einen hohen Temperaturkoeffizient. Steigert man nun den Strom in einem Eisenleiter so weit, daß etwa Rotglut eintritt, so steigt die Spannung an seinen Enden bei geringer Stromänderung sehr stark an; es zeigt sich ein nahezu konstanter Strom für einen großen Spannungsbereich. Darüber hinaus wächst die Spannung in geringerem Maße; das bedeutet also, daß der Temperaturkoeffizient auf einen kleineren Wert zurückgegangen ist. Dies Verhalten des Eisens ist zuerst von Kohlrausch[19]) nachgewiesen und später von Kallmann[16]) neben anderen Verwendungszwecken besonders zum Anlassen und Bremsen von Motoren ausgenutzt worden. Die von Kallmann benutzten Elemente bestehen aus dünnem Eisendraht, der in engen Schraubenlinien gewickelt und in luftleer gemachten oder mit neutralen Gasen gefüllten, langen, zylindrischen Glasbehältern aufgehängt ist.

III. Allgemeines über Anlasser.

§ 17. Einteilung der Anlasser. Unter Anlassen versteht man in der Elektrotechnik ein Verfahren, das dazu dient, einen elektrischen Motor aus dem Stillstande auf seine betriebsmäßige Umdrehungszahl zu bringen. Dies kann auf verschiedene Weise geschehen. Kleine Motoren legt man mit ihren Klemmen unmittelbar an die Netzspannung; sie nehmen dann allerdings im ersten Augenblick einen ziemlich hohen Strom auf. Wäre der Ankerkreis vollkommen induktionslos, so würde der erste Stromstoß den Wert erreichen, der sich aus Klemmenspannung und innerem Motorwiderstand nach dem Ohmschen Gesetz ergibt. Infolge der Induktivität des Ankers wird nun aber der Strom wesentlich langsamer ansteigen und inzwischen beschleunigt sich der Anker. Damit steigt dann auch die EMK des Motors, die dem Strom entgegenwirkt und daher diesen verringert, bis der Anker seine stationäre Drehzahl angenommen hat. Trettin[27]) benutzt dieses Verfahren auch· für größere Motoren, allerdings mit gewissen Vorsichtsmaßregeln. Weiter ausgebaut wurde es dann noch von Linke[21]), welcher durch Versuche zeigte, daß durch Einfügung einer einzigen Widerstandsstufe die Betriebssicherheit wesentlich heraufgesetzt wurde. Im allgemeinen ist jedoch der hierbei auftretende hohe Stromstoß unerwünscht, und· bei Anwesenheit von schweren Schwungmassen, die zu beschleunigen sind, versagt dieses Verfahren.

Um nun den auftretenden Strom in den vorgeschriebenen Grenzen zu halten, schaltet man dem Anker einen entsprechenden Widerstand vor. Dieser muß dann in demselben Maße allmählich verringert werden, wie die Drehzahl (Geschwindigkeit) des Ankers ansteigt, bis nur noch der innere Motorwiderstand im Kreise ist. Diese Verringerung des vorgeschalteten Widerstandes muß aber in bestimmter gesetzmäßiger Weise erfolgen, wenn man Stromstöße im Netz und mechanische Stöße im Motor unter gegebenen Grenzen halten will. Legt man die Größe dieser Stöße fest, so ist damit auch die Mindeststufenzahl bestimmt. Diese Mindeststufenzahl wird verschieden gewählt, je nach Betriebsart und den Bedingungen, die das stromliefernde Netz zu erfüllen hat. Handelt es sich etwa um große Motoren, die an ein Lichtleitungsnetz geschlossen werden, so müssen die Stöße klein und die Stufenzahl groß gewählt werden. Kann das Netz jedoch größere Stöße vertragen, wie Straßenbahnnetze, Kranbetriebe, so wählt man nur wenige grobe Stufen (Kontroller oder Schaltwalzen), um die Kosten des Anlaßapparats nach Möglichkeit gering zu halten.

Hiermit haben wir schon eine gewisse Einteilung der Anlaßapparate. Im übrigen werden die eigentlichen Anlasser (mit großer Stufenzahl) je nach der Häufigkeit des Anlassens, die der Betrieb erfordert, sehr verschieden ausgeführt, sowohl in Hinsicht auf die Menge des Widerstandsmaterials als auch auf die Art seiner Einbettung. Hiervon hängt also die Konstruktion des Anlassers ab. Ganz allgemein gesprochen wird man bei solchen Anlassern, die nur in sehr großen Zwischenräumen, etwa ein- bis zweimal am Tage, gebraucht werden, einen solchen Einbau des Materials bevorzugen, bei welchem der Widerstand imstande ist, eine große Energiemenge in Form von Wärme schnell in sich aufzunehmen; die Widerstandselemente müssen also eine große Zeitkonstante haben. ·In der dann folgenden langen Ruhezeit kann diese Wärme allmählich wieder abgegeben werden. Wird der Anlasser dagegen häufig gebraucht, so muß man bei dem Aufbau dafür Sorge tragen, daß die Wärme möglichst schnell wieder abgeführt wird. Der Aufbau des Widerstandes wird daher wesentlich von der Betriebsart abhängen, welche für den Anlasser maßgebend ist.

Eine weitere Unterscheidung ist danach zu treffen, für welche Motorenart der Anlasser gebraucht wird. Als wichtigste und meist gebrauchte Motoren kommen da in Frage: Gleichstrom-Nebenschlußmotoren, Gleichstrom-Hauptschlußmotoren und asynchrone Drehstrommotoren. Die sonstigen noch vorkommenden Elektromotoren sind teils nicht so wichtig, teils erfordern sie ganz besondere Anlaßvorrichtungen, welche hier zu beschreiben zu weit führen würde. Es sollen daher in dem vorliegenden Buch nur Anlasser für die genannten drei Motorarten eingehend besprochen werden; dabei kommt es vor allem auf die Grundsätze an, die für die Berechnung der Anlasser maßgebend sind und die dann sinngemäß auf andere Anwendungen übertragen werden können.

Eine weitere Einteilung der Anlasser kann man nach der Art ihrer Betätigung vornehmen. Die einfachste Ausführung ist die mit Handkurbel. Da hierbei eine gewisse Willkür unvermeidlich und das Anlassen nur von einem geschickten Wärter einwandfrei vorgenommen werden kann, so hat man Vorrichtungen angebracht, welche verhindern, daß durch Ungeübte ein zu schnelles oder auch nur unregelmäßiges Schalten erfolgt. Schließlich geht man noch einen Schritt weiter und macht die ganze Anlaßvorrichtung selbsttätig. Bei diesen Selbstanlassern hat der Wärter nur nötig, einen Relaisstromkreis oder den Kreis eines kleinen Motors zu schließen, dann geschieht der gesamte Anlaßvorgang selbsttätig, ohne jeden Einfluß von seiten des Wärters.

Es sollen im folgenden keine konstruktiven Einzelheiten gegeben werden, da dies den Umfang des Buches ganz bedeutend vergrößern würde. Daher sei auch davon Abstand genommen, die vielen Arten von Einrichtungen und Anordnungen hier aufzuzählen, die man benutzt, um einen Anlasser teilweise oder ganz selbsttätig zu machen.

§ 18. Die Anlaßschaltung des Hauptschlußmotors. Damit man den Motor mit Hilfe des Anlassers auch wirklich in Gang setzen kann, muß man ihn mit den zugehörigen Apparaten an das vorhandene stromliefernde Netz schalten. Hierbei müssen gewisse Regeln beachtet werden, die für einen geordneten Betrieb von Bedeutung sind.

In Abb. 17 ist ein einfaches Schaltbild für einen Hauptschlußmotor mit Anlasser gezeigt. Bewegt man die Anlasserkurbel im Sinne des Uhrzeigers (siehe Pfeil), so wird der vorgeschaltete Widerstand immer kleiner, bis schließlich auf dem letzten Kontakt der ganze Widerstand abgeschaltet ist, der Motor also unmittelbar am Netz liegt.

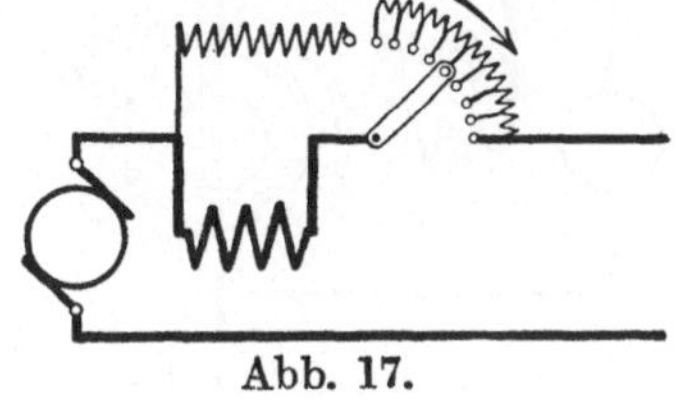

Abb. 17.

Beim Abschalten des Motors wird auch das Feld, das ja in Reihe mit dem Anker liegt, mit unterbrochen. Nun ist in der Erregerwicklung eine große magnetische Energie aufgespeichert und diese muß auf null verringert werden. Durch jede Änderung der magnetischen Energie wird aber in der Wicklung eine Spannung erzeugt, die den früheren Zustand aufrecht zu erhalten versucht und um so größer wird, je schneller die Stromänderung erfolgt. Bei sehr plötzlicher Stromänderung (Abschaltung) können daher derartig hohe Spannungen auftreten, daß eine Beschädigung der Wicklung (Durchschlag) erfolgt. Tritt aber auch diese nicht ein, so äußert sich doch die durch die Stromänderung erzeugte Überspannung durch starkes Abschaltfeuer an den Kontakten.

Um dies vor allem am Abschaltkontakt zu vermeiden, legt man einen Widerstand mit einem Ende an die Feldwicklung und mit dem anderen Ende an einen Kontakt, der unmittelbar vor dem ersten Anlasserkontakt liegt, so daß der Schalthebel vor Öffnen des Kreises erst auf diesen Zusatzkontakt geschoben wird. Damit wird dieser Widerstand parallel zur Feldwicklung gelegt und der Erregerstrom kann in diesem Widerstand ohne Schaden abklingen. Das Abschalten des Motors erfolgt damit ohne alles Feuer am Endkontakt. Bei der Berechnung dieses Widerstandes, die später (siehe S. 167) gegeben werden wird, ist zu beachten, daß er beim Anlassen für eine zwar kurze Zeit in Reihe mit dem Anlaß- und dem Ankerwiderstand an die Netzspannung geschlossen ist.

Soll die Drehrichtung des Motors umkehrbar sein, so muß entweder im Anker oder in der Erregung (nicht in beiden zugleich) die Stromrichtung geändert werden. Da nun der Anker eine sehr geringe magnetische Energie besitzt, so ist es zweckmäßig, die Stromrichtung des Ankers umzukehren. In Abb. 18 ist eine solche Anordnung im Schaltbild dargestellt; von der

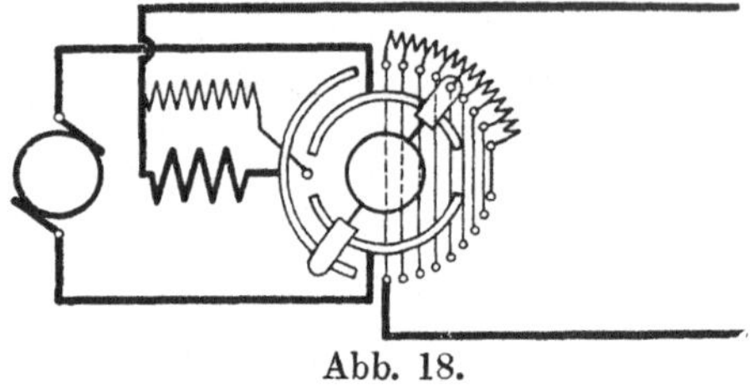

Abb. 18.

Ausschaltstellung ausgehend erreicht man durch Drehen der Anlasserkurbel in der einen Richtung im Anker eine bestimmte Stromrichtung und damit auch Drehrichtung, während einer Umkehrung der Drehrichtung der Anlasserkurbel auch eine Umkehrung der Motordrehrichtung entspricht. Dabei bleibt die Erregung stets an den einen Netzpol angeschlossen, und zur Beseitigung des Abschaltfeuers am Endkontakt ist an den Kontakt der Ausschaltstellung der erwähnte Parallelwiderstand angeschlossen.

§ 19. Die Anlaßschaltung des Nebenschlußmotors. Beim Nebenschlußmotor ist die Schaltung derart zu treffen, daß beim Schließen des Stromkreises zu allererst der Motor voll erregt wird, um damit ein möglichst großes Anzugmoment zu erreichen. Abb. 19 zeigt ein einfaches Schaltbild. Da-

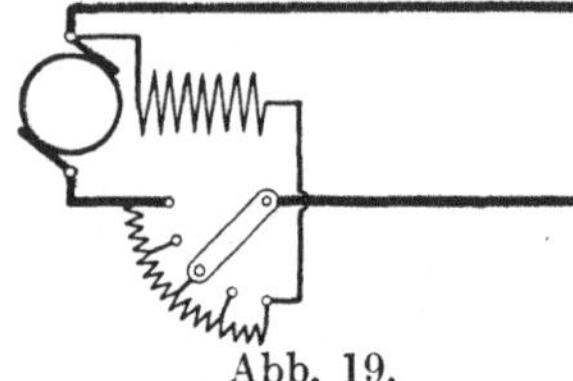

Abb. 19.

bei ist die Feldwicklung an den ersten Anlasserkontakt angeschlossen, so daß beim ersten Berühren dieses Kontaktes sofort die ganze Spannung auf das Feld wirkt. Beim Weiterschalten des Anlassers wird nun allerdings allmählich der Anlaßwiderstand in den Erregerstromkreis gebracht und dadurch das Feld geschwächt, doch ist dies nicht von großer Bedeutung, da der Anlaßwiderstand nur wenige Prozent des Widerstandes der Feldwicklung beträgt. Die Schaltung nach Abb. 19 hat noch den Vorteil, daß die Erregerwicklung mit dem Anlaßwiderstand und dem Anker dauernd einen geschlossenen Stromkreis bildet, so daß eine Unterbrechung des Feldes überhaupt nicht erfolgt.

Das Abschalten des Motors vom Netze geschieht bei dieser Schaltung vollkommen funkenlos, und der Erregerstrom kann über den auslaufenden Anker allmählich abklingen.

Auf diesen Vorteil muß man verzichten, sobald ein Wende-anlasser in Betracht kommt, also wenn die Drehrichtung des Motors umgekehrt wer-den soll. Die Schaltung kann dann nach Abb. 20 erfolgen. Der Hauptschalter ist dabei als Feldunterbrecher mit Hilfskontakt auszuführen und wirkt derart, daß der

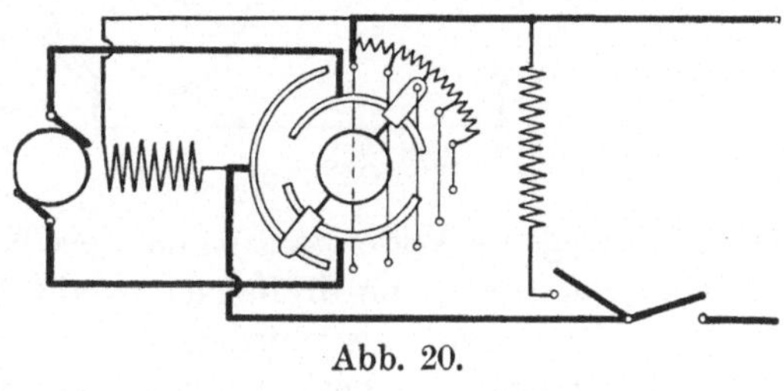

Abb. 20.

Hilfskontakt das Feld über den am Schalter angebrachten Widerstand kurzschließt, ehe der Hauptkontakt sich öffnet.

Doppelschlußmotoren sind ähnlich wie Nebenschlußmotoren zu schalten. Wirkt der Hauptschluß feldverstärkend, so gibt Abb. 21 die entsprechende Schaltung. Bei feldschwächendem Hauptschluß, wie er manchmal zur möglichsten Konstanthaltung der Drehzahl bei wechselnder Belastung verwendet wird, ist dafür Sorge zu tragen, daß der Hauptschluß beim Anlassen kurzgeschlossen wird, da sonst der hohe Anlaßstrom das Feld und damit auch das Anlaufdrehmoment zu

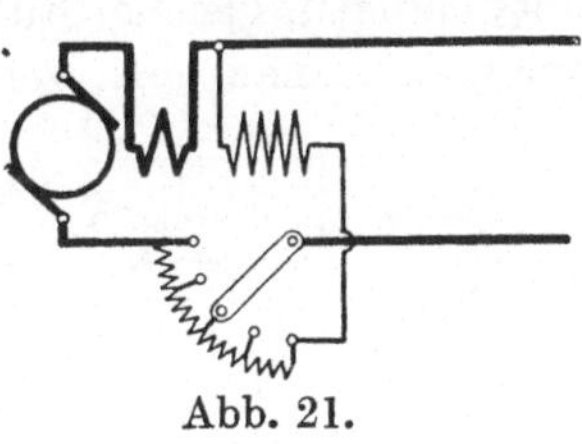

Abb. 21.

sehr schwächt. In manchen Fällen dürfte es sich vielleicht sogar empfehlen, die Stromrichtung im Hauptschluß zur Erzielung eines möglichst großen Drehmoments während des Anlaufs umzukehren.

§ 20. Die Anlaßschaltung des Drehstrommotors. Die einfachste und zugleich beste Schaltung von Anlassern für Drehstrommotoren ist in Abb. 22 dargestellt. Hier liegt in jeder der in Stern geschalteten Läuferphasen der zugehörige Anlaßwiderstand, und die drei unter sich gleichen Widerstände sind durch die Anlasserkurbel miteinander verbunden. Diese Anordnung gewährt den großen Vorteil, daß die drei Phasen beim Anlauf vollkommen gleich und symmetrisch belastet werden und infolgedessen der Motor sein höchstes Drehmoment entwickelt.

Ein Nachteil dieser Schaltung ist aber, daß für eine bestimmte Stufenzahl die entsprechende Zahl von Kontakten in jeder Phase

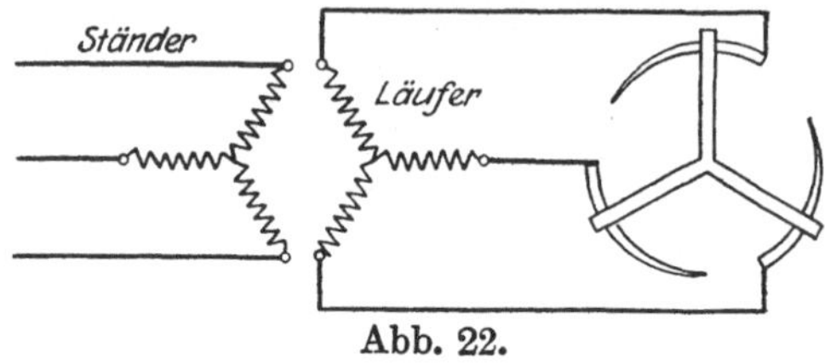

Abb. 22.

vorgesehen werden muß. Der Drehstromanlasser erfordert daher für dieselben Anlaßbedingungen (gleiche kinetische Energie der umlaufenden Massen, also auch gleiche Materialmenge im Widerstand) und dieselbe Stufenzahl wie beim Gleichstromanlasser die dreifache Anzahl Kontakte.

Man hat nun verschiedentlich versucht, die Kontaktzahl zu verringern. Diese Versuche bestehen zum Teil darin, die Läuferphasen in bestimmter Weise in Reihe zu schalten, um mit einer Stufenreihe auszukommen. Andere Anordnungen gehen dahin, normale Anlasser für zweiphasig gewickelte Läufer auch für Drehstromläufer zu benutzen (Abb. 23). Die Kontaktzahl wird in diesem Falle $^2/_3$ von der nach Abb. 22 notwendigen, gleiche Stufenzahl vorausgesetzt. Ein weiteres Beispiel, wie man mit verhältnismäßig wenigen Kontakten auskommen kann,

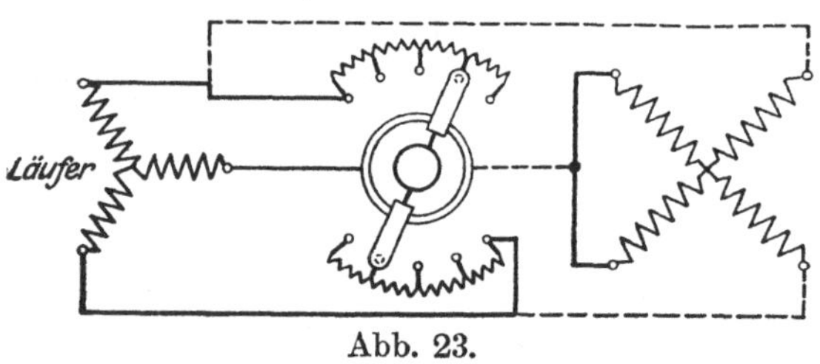

Abb. 23.

zeigt die in Abbildung 24 dargestellte Schaltung, die unter dem Namen „Kahlenberg-Schaltung"*) allgemein bekannt ist und die darin besteht, daß entsprechende Stufen der drei Phasen nacheinander abgeschaltet werden und nicht zu gleicher Zeit wie in Abb. 22. Angenommen sind für Abb. 24 vier Widerstandsstufen, die bei Schaltung nach Abb. 22 für jede Phase fünf, im ganzen also 15 Kontakte erfordern und fünf Anlaßstellungen des Motors ergeben. Die Schaltung nach Abb. 24 dagegen erfordert nur 12 Kontakte und gibt 13 Anlaßstellungen. Die

---

*) D. R. P. 86854 v. 24. 9. 95. Siemens & Halske, Berlin; Kahlenberg.

Kontaktbürste bei einem Anlasser mit Kahlenberg-Schaltung muß so breit sein, daß drei Kontakte zu gleicher Zeit voll bedeckt werden.

Alle diese Schaltungen haben aber den Nachteil, daß der Motor unsymmetrisch belastet und hierdurch sein Drehmoment

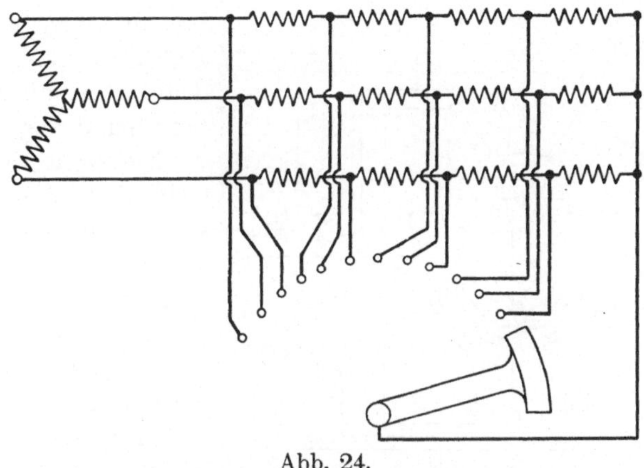

Abb. 24.

ganz bedeutend verringert wird. Es ist daher bei allen derartigen Schaltungen zu untersuchen, ob der Motor in allen Stellungen des Anlassers auch den gestellten Anforderungen genügen kann.

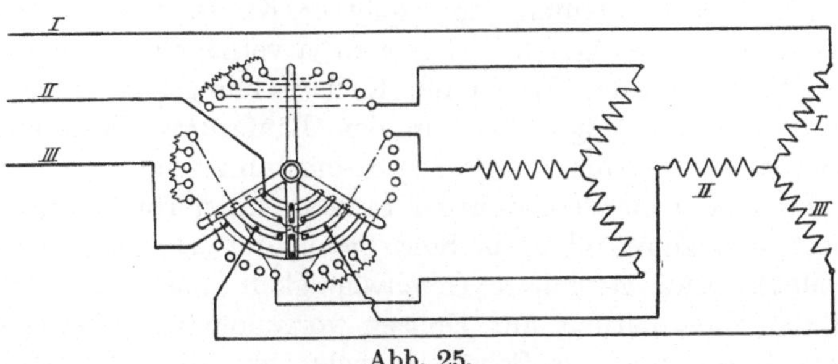

Abb. 25.

So ist beispielsweise bei der Schaltung in Abb. 24 vor allem darauf zu achten, daß die letzten Widerstandsstufen genügend fein werden. Die Stromsprünge auf den einzelnen Stufen weichen natürlich auch ganz beträchtlich voneinander ab.

Soll die Drehrichtung eines Drehstrommotors umgekehrt werden, so sind irgend zwei der drei Zuleitungen zum Ständer miteinander zu vertauschen. Der Anlasser muß also diese Umschaltung vollziehen und außerdem für jede der beiden Drehrichtungen die erforderliche Kontaktreihe besitzen. In Abb. 25 ist die Schaltung eines Wendeanlassers für symmetrische Anordnung dargestellt und Abb. 26 zeigt einen Wendeanlasser mit Kahlenberg-Schaltung.

Die zweite Kontaktreihe bei Wendeanlassern kann man sich natürlich dadurch ersparen, daß man die Umschaltung des Ankers bei Gleichstrommotoren oder des Ständers von Drehstrommotoren durch einen besonderen Schalter vornimmt.

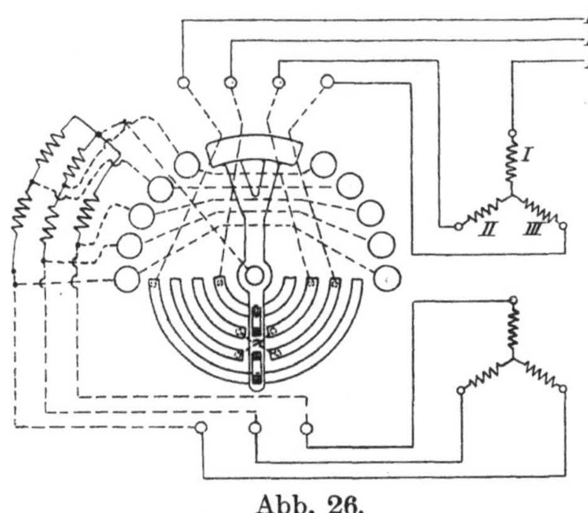

Abb. 26.

Ganz kurz sei hier noch die unter dem Namen „Stern-Dreieck-Anlauf“ bekannte Anlaßmethode für Drehstrommotoren erwähnt. Wird beim Anlauf kein großes Drehmoment vom Motor verlangt, also soll er leer anlaufen oder treibt er Kreiselräder an, deren Moment bei kleinen Geschwindigkeiten ja vernachlässigbar gering ist, so führt man den Läufer mit Käfigwicklung aus. Dann hat man aber keine Möglichkeit, in den Läuferkreis Widerstände einzuschalten, und um den großen Stromstoß zu vermeiden, wird der Motor so bemessen, daß der Ständer im normalen Lauf in Dreieck und zum Anlauf in Stern geschaltet ist. Sobald dann der Motor etwa stationäre Geschwindigkeit angenommen hat, wird die Umschaltung auf Dreieck vorgenommen. Durch geeignete Anordnung des Schalters sucht man die Zeit für dies Umschalten möglichst kurz zu halten, damit der Motor nicht zu sehr wieder abfällt.

§ 21. Schutzvorrichtungen. Um den Betrieb eines Motors ordnungsgemäß aufrechterhalten zu können, muß der Motorkreis noch einige andere Vorrichtungen enthalten als nur den

Anlasser. Eine der wichtigsten Forderungen ist die, daß der Motor spannungslos gemacht werden kann. Es muß also ein zweipoliger (beim Drehstrommotor dreipoliger) Schalter eingebaut werden, womit man das Netz vollständig lostrennen kann. Nun aber kann es vorkommen, daß beim Abstellen des Motors der Schalter geöffnet wird, der Anlasser aber in der Laufstellung stehenbleibt. Hierbei besteht die Gefahr, daß ein unaufmerksamer Wärter zum neuen Anlassen den Schalter einlegt, ohne zu beachten, daß der Anlasser nicht ausgeschaltet ist. Dies ergibt aber einen Stromstoß, der bei einem größeren Motor fast einem Kurzschluß gleichkommt. Um nun derartige Vorkommnisse zu vermeiden, versieht man die Anlasserkurbel mit einer Vorrichtung (etwa einer Feder), die sie in die Leerstellung zurückführt, sobald sie vor Erreichen der Endstellung (d. i. also die Laufstellung) losgelassen wird. Ist aber die Laufstellung des Anlassers erreicht, so wird durch die Kurbel der Stromkreis eines Relais geschlossen, das auf irgendeine Weise die Kurbel in dieser Lage festhält. Wird nun der Hauptschalter geöffnet, so wird das Relais stromlos, und die Anlasserkurbel kehrt von selbst in die Leerstellung zurück.

Abb. 27.

Der Motor muß ferner gegen Überlastungen geschützt werden. Steigt die Belastung des Motors um einen gewissen gegebenen Betrag über die normale, so muß er vom Netze abgetrennt werden, damit weder er selbst noch die mitangeschlossenen Apparate Schaden leiden. Zu diesem Zwecke kann man etwa Schmelzsicherungen einbauen, die die Lostrennung des Stromes selbsttätig besorgen, oder man benutzt selbsttätige Schalter. Statt dessen wird nun vielfach gleich auf dem Anlasser ein Überlastrelais angebracht. Dieses Relais arbeitet etwa in der Weise, daß bei Überschreitung eines bestimmten Stromes ein Anker angezogen wird; durch diese Bewegung wird dann aber der Stromkreis des eben erwähnten Spannungsrelais unterbrochen, so daß die Kurbel in die Leerstellung zurückgeht.

Ein Stufenschalter mit den eben beschriebenen Auslösevorrichtungen (Nullspannungs- und Überlastauslöser) ist in Abb. 27 gezeigt. Es ist eine von der Firma Voigt & Haeffner benutzte Konstruktion. In Abb. 28 ist das vollständige Schaltbild für den Anschluß eines Gleichstrom-Nebenschlußmotors an das Netz als Beispiel gegeben. Es ist M der Motor mit seiner Feldwicklung F, die einerseits an die eine Ankerklemme, andererseits an den

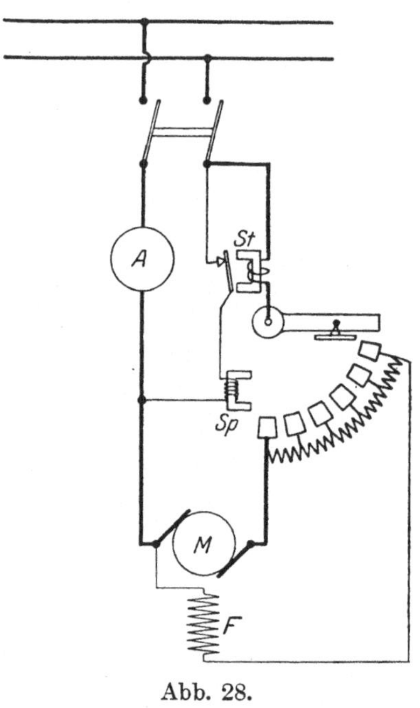

Abb. 28.

Anfang des Anlaßwiderstandes geschlossen ist, um so beim Abschalten ein ungestörtes Abklingen des Erregerstromes zu ermöglichen, wie in § 19 beschrieben. Mit Sp ist die Spannungsspule des Anlassers bezeichnet, die die Kurbel in der Laufstellung festhält, mit St die Stromspule (Überlastschutz). Ferner ist noch ein Stromzeiger A eingezeichnet, der meist gebraucht wird; die Verbindung mit den Sammelschienen wird dann durch den doppelpoligen Schalter besorgt.

Dies Schaltbild soll nur, wie schon gesagt, ein Beispiel geben; je nach der Motorart und dem Verwendungszweck wird das Schaltbild ein anderes sein müssen. Es würde jedoch hier zu weit führen, wollte man auch nur angenähert die Möglichkeiten erschöpfen.

IV. Das stetige Anlassen.

§ 22. Der elektrische Vorgang. Man kann den Anlasser für verschiedene Voraussetzungen berechnen. Es spricht zunächst eine Reihe von Gründen dafür, daß eine gewisse obere Grenze des Stromes nicht überschritten wird. Eine solche Grenze wird beispielsweise gesetzt durch den zulässigen Spannungsabfall im Netze, ferner durch die Rücksicht auf eine gute Kommutierung bei Gleichstrommotoren, sowie auf vorhandene Meßinstrumente, schließlich durch die Erwärmung des Motors und des ganzen Zubehörs. Um nun aber auch die Anlaßzeit möglichst abzukürzen und damit auch die für den Widerstand erforderliche Materialmenge klein zu halten, ist es vorteilhaft, mit dem Strom an die festgesetzte obere Grenze heranzugehen. Bei stetigem Anlassen (bei sehr feiner Stufung) würde man also diesen Grenzwert einhalten und bei grobstufigem Anlassen würde man die Stromspitzen jeder Stufe gleich dem Grenzwert wählen. Diese Anlaßbedingung läßt sich auch im Betriebe sehr leicht erfüllen, denn wer den Anlasser bedient, hat nur nötig, den Stromzeiger zu beobachten und den Widerstand so einzustellen, daß der Stromzeiger in Ruhe bleibt oder daß sein größter Ausschlag jedesmal derselbe ist. Wir wollen daher diese Voraussetzung für alle folgenden Ableitungen beibehalten.

Wie schon S. 38 erwähnt, sollen im folgenden Gleichstrom-Nebenschlußmotoren, Gleichstrom - Hauptschlußmotoren und Drehstrom - Induktionsmotoren mit Bezug auf ihren Anlauf näher untersucht und die Anlasser dafür berechnet werden. Für den Augenblick wollen wir nur Gleichstrommotoren betrachten.

Bezeichnet Φ den Fluß durch eine Polteilung, i den Ankerstrom, so ist das Drehmoment des Motors:

$$D = c\,i\,\Phi, \tag{1}$$

worin c eine von Wicklungsgrößen abhängige Konstante bedeutet. Eine zweite Grundgleichung erhält man für die EMK des Ankers:

$$E = c\,\omega\,\Phi, \tag{2}$$

worin ω die Winkelgeschwindigkeit des Ankers ist. Daß die anderen Größen c und Φ in den beiden Gleichungen dieselben sein müssen, ersieht man sofort, wenn man Gl. (1) und (2) dividiert, dann erhält man nämlich die bekannte Beziehung:

$$E\,i = D\,\omega, \tag{3}$$

d. h. die auf den Anker übertragene elektromagnetische Leistung ist gleich der von diesem abgegebenen mechanischen Leistung (diese letztere besteht natürlich aus der am Wellenende abgenommenen Nutzleistung und dem im Motor verlorenen Betrag der Luft- und Lagerreibung).

Beim Nebenschlußmotor ist der Fluß vom Ankerstrome unabhängig, da für die folgenden Ableitungen von dem Einfluß der Ankerrückwirkung wegen der neuerdings fast durchweg eingeführten Wendepole abgesehen werden soll. Da nun auch der Strom während des Anlassens als konstant vorausgesetzt wird, so ist das Drehmoment nach Gl. (1) ebenfalls konstant und die EMK ist nach Gl. (2) nur von der Geschwindigkeit abhängig.

Der Hauptschlußmotor wird durch den Ankerstrom erregt, also ist sein Feld (magnetischer Fluß) mit diesem veränderlich. Da aber der Strom beim Anlassen konstant bleiben soll, so gilt die Bemerkung über Drehmoment und EMK auch für Hauptschlußmotoren.

Bezeichnen E und i die Effektivwerte der EMK und des Stromes im Läufer des asynchronen Drehstrommotors, bezogen auf eine Phase, so gilt Gl. (2) ohne weiteres auch für diesen. Das Drehmoment setzt sich aus den Wirkungen der drei Phasen zusammen, und da wir für die folgenden Untersuchungen gleiche Belastung der Phasen voraussetzen wollen, so muß in Gl. (1) eine 3 hinzugefügt werden; wir erhalten also:

$$D = 3\,c\,i\,\varPhi. \tag{1a}$$

Dementsprechend muß auch Gl. (3) wie folgt lauten:

$$D\omega = 3\,E\,i. \tag{3a}$$

Die dritte Grundgleichung des Gleichstrommotors, die wir brauchen, liefert uns das Ohmsche Gesetz, nämlich:

$$U = E + i\,r, \tag{4}$$

worin U die Klemmenspannung und r der Widerstand des Ankerkreises ist. Die Größe r soll umfassen den Widerstand des Ankers selbst, den der Wendepole und etwaiger Kompensationswicklung, bei Hauptschlußmotoren auch den Widerstand der Feldwicklung, ferner noch den dem Anker vorgeschalteten sonstigen Widerstand. Auch diese Gleichung gilt ohne weiteres für jede Phase des Drehstrommotors. Dabei ist unter U die dem Läuferfluß entsprechende Spannung, bezogen auf die volle Frequenz des Drehfeldes, zu verstehen. Diese Größe ist bei konstantem Strom ebenfalls unveränderlich.

Für stetiges Anlassen hatten wir konstanten Strom während des ganzen Vorganges vorausgesetzt. Da nun Gl. (4) unter allen Umständen bestehen muß, so gibt sie uns für konstantes i und konstante Klemmenspannung U unmittelbar die Abhängigkeit zwischen dem Widerstande und der EMK des Motors und damit nach Gl. (2) seiner Geschwindigkeit. Denken wir uns, der mit konstantem Moment belastete Motor habe seine Endgeschwindigkeit erreicht und nun werde auf irgendeine Weise der Widerstand des Ankerkreises allmählich vermindert. Dann wird sich die Drehzahl des Motors entsprechend der Steigerung der EMK nach Gl. (4) erhöhen. Den höchsten Wert erhalten wir für den Widerstand null im Ankerkreise; dann ist die EMK gleich der Klemmenspannung geworden. Bezeichnen wir die entsprechende Geschwindigkeit mit ω_s, so erhalten wir aus Gl. (2) die Beziehung

$$U = c\,\omega_s\,\Phi \tag{2a}$$

Da nach Gl. (4) bei konstantem Widerstand, aber verschwindendem Strome die EMK ebenfalls gleich der Klemmenspannung wird, so bildet die durch Gl. (2a) bestimmte Geschwindigkeit bei Nebenschluß- und Drehstrommotoren gleichzeitig die Grenze zwischen Motor- und Generatorwirkung. Daher soll ω_s als Grenzgeschwindigkeit bezeichnet werden. Bei Drehstrommotoren im Besonderen nennt man sie die synchrone Geschwindigkeit, da dann die Geschwindigkeit des Ankers gleich der des Drehfeldes ist. Bei Hauptschlußmotoren gilt diese letztere Überlegung nicht, da hier der Fluß vom Strome abhängig ist und infolge der Abnahme des Stromes der Fluß und damit die EMK des Motors kleiner wird. Dadurch steigt aber wieder der Strom, und so entspricht jeder Geschwindigkeit ein bestimmter Strom, der erst bei unendlich hohen Geschwindigkeiten ganz verschwinden würde.

Ein weiterer wichtiger Punkt ist der Stillstand; hier verschwindet die EMK, und wenn wir mit r_1 den Widerstand bezeichnen, der gerade den verlangten Strom i durchläßt, so ergibt sich aus Gl. (4) die weitere Beziehung:

$$U = i\,r_1. \tag{4a}$$

Aus den Gl. (4) und (4a) erhalten wir nun durch Elimination des Stromes i:

$$\frac{r}{r_1} = 1 - \frac{E}{U}, \tag{5}$$

oder mit Gl. (2) und (2a):

$$\frac{r}{r_1} = 1 - \frac{\omega}{\omega_s}. \tag{5a}$$

Jetzt handelt es sich darum, festzustellen, in welcher Weise der Widerstand zu entwerfen ist, damit er diese Bedingungen erfüllt. Dazu brauchen wir aber noch eine neue Bedingung. Den Widerstand denken wir uns nun in der Weise aufgebaut, daß von seinem Material leitende Verbindungen nach einer Kontaktreihe führen, die entweder im Kreise oder auch in gerader Linie angeordnet sein mögen, etwa wie in Abb. 29 in den Grundzügen dargestellt. In der Skizze ist eine endliche Anzahl von

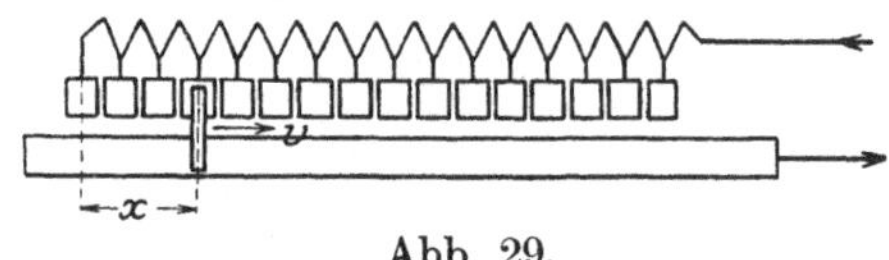

Abb. 29.

Kontakten dargestellt. Unsere Ableitungen und Entwicklungen sollen aber für eine unendliche Zahl gelten, für unendlich feine Stufung. Auf den Unterschied werden wir dann später zurückkommen. Diese Kontaktreihe ist durch ein Schleifstück mit einer Schiene verbunden. Von der Schiene wird der Strom wieder abgeführt, während die Zuführung am Ende des Widerstandes erfolgt. Die Geschwindigkeit v, mit welcher das genannte Schleifstück über die Kontakte gleitet, ist bestimmend für die Anordnung und Einteilung des Widerstandes; sie ist jedoch noch nicht festgelegt und kann daher frei gewählt werden. Die einfachste Bedingung ist nun die, daß die Geschwindigkeit des Schleifstückes v als konstant vorausgesetzt wird. Man kann sich etwa vorstellen, daß das Schleifstück auf einer Schraubenspindel sitzt, die entweder durch Handkurbel oder durch Motor mit konstanter Geschwindigkeit gedreht wird.

Rechnet man nun die Zeit vom Einschaltpunkt ab, so ist der vom Schleifstück zur Zeit t durchlaufene Weg (siehe Abb. 29):

$$x = v\,t. \tag{6}$$

Da also dieser Weg der Zeit proportional ist, so genügt es, die Abhängigkeit des Widerstandes von der Zeit zu bestimmen, um das Gesetz der örtlichen Verteilung des Widerstandes zu erhalten.

§ 23. Der Anlauf und seine Zeitdauer. Wir haben in Gl. (5a) eine Beziehung zwischen dem Widerstand und der Motorgeschwindigkeit gefunden, und es fehlt jetzt noch die Abhängigkeit der letzteren von der Zeit. Hierzu nehmen wir die mechanische Differentialgleichung des Motors zu Hilfe, die sich aus den folgenden Überlegungen ergibt. Die dem Motor mitgeteilte elektrische Energie wird in mechanische Energie umgewandelt und äußert sich durch das Drehmoment D des Motors. Dies ist uns ja durch Gl. (1) und (3) schon bekannt. Ein Teil hiervon wird dazu verbraucht, das Lastmoment M (einschließlich des für Überwindung der Lager- und Luftreibung im Motor selbst erforderlichen Moments) zu überwinden und der Rest dient dazu, die umlaufenden Massen (Motoranker und damit gekuppelte Schwungmassen) zu beschleunigen. Ist daher ω die Winkelgeschwindigkeit des Motorankers und Θ sein Trägheitsmoment, so ergibt sich daraus die Differentialgleichung:

$$\Theta \frac{d\omega}{dt} = D - M .\qquad(7)$$

Mit dem Motoranker können andere umlaufende Massen gekuppelt sein, die die Trägheitsmomente Θ_1, Θ_2, ... und die Drehgeschwindigkeiten ω_1, ω_2, ... haben mögen. Ferner sollen durch den Motor vermittelst irgendwelcher Übersetzung Massen m_1, m_2, ... mit den Geschwindigkeiten v_1, v_2, ... geradlinig fortbewegt werden. Die Summe aller dieser kinetischen Energiemengen muß der Motor aufbringen, ihre Größe ist maßgebend für das erforderliche Beschleunigungsmoment, und daher ist das in Gl. (7) benutzte Trägheitsmoment Θ aus der Formel:

$$\Theta \frac{\omega^2}{2} = \sum \Theta_\nu \cdot \frac{\omega_\nu^2}{2} + \sum m_\nu \frac{v_\nu^2}{2}$$

zu berechnen. Dividiert man diese Gleichung durch $\dfrac{\omega^2}{2}$, so wird:

$$\Theta = \sum \Theta_\nu \left(\frac{\omega_\nu}{\omega}\right)^2 + \sum m_\nu \left(\frac{v_\nu}{\omega}\right)^2,\qquad(8)$$

wobei die in Klammer gesetzten Ausdrücke der rechten Seite die Übersetzungsverhältnisse darstellen, also für eine gegebene Anlage konstante Werte sind.

4*

Aus Dimensionsbetrachtungen ersieht man sofort, daß die Größe:

$$T = \frac{\Theta\,\omega_n}{D} \qquad (9)$$

die Dimension einer Zeit haben muß. Hierin ist ω_n die normale Geschwindigkeit des Motors, und da wir das Drehmoment des Motors als konstant für den Anlauf vorausgesetzt hatten, so ist T eine konstante Größe; wir nennen sie die **Anlaufzeitkonstante** des Motors. Erweitert man den Bruch auf der rechten Seite von Gl. (9) mit ω_n, so erhält man

$$T = \frac{\Theta\,\omega_n^2}{D\,\omega_n} = 2\,\frac{A_n}{L_a}, \qquad (9\,\text{a})$$

worin A_n die kinetische Energie der umlaufenden Massen bei normaler Geschwindigkeit und L_a das Produkt des Anlaßmoments mit der normalen Geschwindigkeit ist. Diese Größe L_a wollen wir die **maximale Anlaßleistung** des Motors nennen; die augenblickliche Leistung ist ja $D\omega$ und bei konstantem D steigt die Leistung proportional ω an, so daß also bei Erreichung der normalen Drehzahl die Leistung den Wert L_a annimmt. Der Mittelwert der Motorleistung ist $\frac{1}{2}L_a$, und würde man diesen in Gl. (9a) einführen, so fiele die 2 im Zähler fort. Die Größe T spielt beim Anlauf des Motors dieselbe Rolle wie die Wärmezeitkonstante bei der Erwärmung eines Körpers, und man kann daher auch ihre Herleitung in sinngemäßer Weise von den Erwärmungsvorgängen auf den Anlauf übertragen. **Wird kein Nutzdrehmoment am Motor abgenommen, wird also das ganze erzeugte Moment zur Beschleunigung aufgewandt, so ist T die Zeit, nach welcher die gewünschte Geschwindigkeit ω_n erreicht ist.** Dies ist aus Gl. (7) und (9) ohne weiteres zu beweisen, indem man $M = 0$ setzt.

Beziehen wir ferner das Lastmoment auf das Anlaufdrehmoment D, indem wir setzen

$$M = \alpha \cdot D, \qquad (10)$$

so vereinfacht sich die Gl. (7) wie folgt:

$$\frac{T}{\omega_n}\frac{d\omega}{dt} = 1 - \alpha. \qquad (7\,\text{a})$$

Hierin ist α im allgemeinen als eine Funktion von ω graphisch oder analytisch gegeben. Es sind nun in der Praxis drei wichtige Fälle zu unterscheiden:

1. Die anzutreibenden Maschinen und Apparate erfordern in der Hauptsache ein konstantes Drehmoment, das in geringem Maße infolge von Luftwiderstand mit der Geschwindigkeit wächst. Hierfür kommen Hebezeug- und Aufzugbetriebe, Förder- und Walzwerkanlagen, Bahnbetriebe u. ähnl. in Betracht. Die wirkliche Drehmomentkurve wird man in diesem Falle durch eine Gerade in guter Annäherung ersetzen können. Man würde also etwa schreiben:

$$\alpha = \alpha_0 + \alpha_1 \frac{\omega}{\omega_n}. \tag{11a}$$

2. Die vom Motor angetriebenen Apparate setzen größere Luft- oder Flüssigkeitsmengen in Bewegung, wie etwa bei Ventilatoren, Zentrifugalpumpen, Schiffspropellern u. ähnl. Dann steigt das hierzu erforderliche Drehmoment proportional dem Quadrate der Geschwindigkeit. Rechnet man dann noch ein geringes konstantes Drehmoment für Reibung, so kann man setzen:

$$\alpha = \alpha_0 + \alpha_2 \left(\frac{\omega}{\omega_n}\right)^2. \tag{11b}$$

3. In manchen Fällen kann man rechnen, daß die Leistung der anzutreibenden Maschinen nahezu gleich bleibt. Trotzdem dieser Fall selten für den Anlaßvorgang selbst in Betracht kommt, sei er der Vollständigkeit halber mit erwähnt. Mit Einführung einer weiteren Konstanten a, die das Nutzmoment im Stillstande bestimmt, und Berücksichtigung eines geringen Reibungsmomentes kann man hier etwa setzen:

$$\alpha = \alpha_0 + \frac{\alpha_3}{a + \omega}. \tag{11c}$$

Diese Werte von α muß man nun in Gl. (7a) einführen und diese dann integrieren. Die Integration ist in allen Fällen durch elementare Funktionen leicht ausführbar. Wir wollen jedoch von der Durchführung dieser Rechnung Abstand nehmen und uns auf den einfachsten Fall des konstanten Lastmoments beschränken. Für diesen Fall erhält man durch Integration von Gl. (7a) mit der Anfangsbedingung $\omega = 0$ für $t = 0$ die Lösung:

$$\frac{\omega}{\omega_n} = (1 - \alpha) \frac{t}{T}. \tag{12}$$

In diesem Falle ist also die Geschwindigkeit des Motors proportional der seit Beginn des Anlaßvorganges verflossenen Zeit. Folglich muß sich nach Gl. (5a) der Widerstand linear mit der Zeit ändern und aus Gl. (6) folgt, daß der Widerstand bei unendlich feiner Stufung und konstanter Geschwindigkeit des Schleifstückes gleichmäßig über den Schaltweg verteilt sein muß, daß also auf der ganzen Strecke zwischen je zwei Kontakten stets der gleiche Widerstand liegen muß.

Aus Gl. (12) können wir ohne weiteres die Anlaßzeit des Motors entnehmen. Diese soll vom Augenblick des Einschaltens bis zu dem Zeitpunkt gerechnet werden, in welchem eben aller äußere Widerstand abgeschaltet ist, und im Ankerkreise nur noch der innere Widerstand r_m des Motors (Anker, Wendepole, Kompensationswicklung und Hauptschlußfeldwicklung) liegt. In diesem Augenblicke besitzt der Motor noch nicht seine stationäre Geschwindigkeit, sondern eine etwas kleinere, die wir ω_n' nennen wollen. Die Zeit nach Abschaltung des äußeren Widerstandes kommt aber nicht mehr in Betracht, da es sich hier vor allem darum handelt, die Größe des erforderlichen Anlaßwiderstandes zu berechnen. Außerdem erfolgt aber auch die weitere Beschleunigung des Motors nach anderen Gesetzen.

Für die weitere Entwicklung ist es zweckmäßig, den Ankerwirkungsgrad des Motors für Normallast einzuführen, d. h. das Verhältnis der auf den Anker übertragenen elektromagnetischen Leistung zu der vom Ankerkreise aufgenommenen Leistung, bezogen auf den Dauerzustand bei abgeschaltetem Anlaßwiderstand. Dieser Wirkungsgrad hat den Wert:

$$\eta = \frac{E_n\, i_n}{E_n\, i_n + i_n^2\, r_m} = \frac{E_n}{E_n + i_n\, r_m} = \frac{E_n}{U} = \frac{\omega_n}{\omega_s}. \tag{13}$$

Ferner soll ein Zeichen für das Verhältnis des Anlaßstromes zum Normalstrome eingeführt werden; es werde gesetzt:

$$\varepsilon = \frac{i}{i_n}. \tag{14}$$

Für den Zeitpunkt der Abschaltung des äußeren Widerstandes gilt nach Gl. (4) die Beziehung:

$$E_n' + i\, r_m = U$$

und für den Dauerzustand:

$$E_n + i_n r_m = U \,*) \,.$$

Aus diesen beiden Gleichungen folgt durch Elimination von r_m die Beziehung:

$$\varepsilon = \frac{U - E_n'}{U - E_n} = \frac{\omega_s - \omega_n'}{\omega_s - \omega_n} \tag{15}$$

oder auch durch Umformung und mit Benutzung von Gl. (13):

$$\frac{\omega_n'}{\omega_n} = \frac{1}{\eta}\left[1 - \varepsilon(1 - \eta)\right] \,. \tag{15 a}$$

Die Anlaßzeit wollen wir mit t_s bezeichnen. Setzt man t_s für t und ω_n' für ω in die Gl. (12) ein, so erhält man mit Benutzung des Wertes aus Gl. (15a) die Anlaßzeit des Motors zu:

$$t_s = T\frac{1 - \varepsilon(1 - \eta)}{\eta(1 - \alpha)} \,. \tag{16}$$

Wie leicht ersichtlich, kann man aus Gl. (12) und (5a) auch unmittelbar ableiten

$$t_s = T\frac{1 - \dfrac{r_m}{r_1}}{\eta(1 - \alpha)} \tag{17}$$

Ist der innere Motorwiderstand $r_m = 0$, also $\eta = 1$, so wird

$$t_s = \frac{T}{1 - \alpha} \tag{17 a}$$

und für vollkommenen Leeranlauf ($\alpha = 0$) wird $t_s = T$, was wir eben als Definition der Zeitkonstante schon aussprachen.

§ 24. Die Erwärmung des Widerstandes. Die elektrische Größe des Widerstandes, d. h. die Anzahl der Ohm, die wir ihm geben müssen, ist uns bekannt (siehe Gl. (4a)). Es fragt sich jedoch noch, wieviel Material wir hineinstecken sollen, da wir ja dieselbe Ohmzahl mit ganz beliebig viel Material erreichen können. Um hierüber eine Entscheidung treffen zu können,

---

*) Für den Drehstrommotor ist diese Gleichung nicht ganz richtig, da hier die Spannung nicht ganz konstant bleibt. Die genauere Theorie dieses Motors wird später (Abschn. VI) gegeben. Die hier begangene Ungenauigkeit ist gering und nur in Gl. (15), (15 a) und (16) vorhanden, während Gl. (17 und 17 a) wieder richtig sind.

müssen wir noch eine Bedingung einführen. Die Temperatur des Widerstandsmaterials darf eine bestimmte Höhe nicht überschreiten, ohne dieses der Gefahr der Zerstörung auszusetzen. Diese zulässige Temperatur kann natürlich je nach der Bauart des Widerstandes sehr verschiedene Werte haben. Unter Annahme einer bestimmten Raumtemperatur ist damit auch die zulässige Erwärmung festgelegt. Wenn wir nun möglichst wenig Material verbrauchen, dieses aber auch nach Möglichkeit ausnutzen wollen, so müssen wir die Materialmenge derart bemessen, daß der Widerstand an jedem Punkt während des Anlassens gerade die zulässige Erwärmung annimmt.

Wie in Abschn. I auseinandergesetzt, kann man aus den Eigenschaften des Widerstandskörpers (Wärmeabgabe, Zeitkonstante) und der Art des Betriebes (Dauer der Belastung und deren Periode) das Überlastungsverhältnis nach Gl. (7a) Abschn. I berechnen und dann für die zulässige Erwärmung aus Gl. (12) I und (1) I die entsprechende Leistung, die in dem Widerstande in Wärme umgesetzt werden darf. Umgekehrt kann man auch, wenn dieser Leistungsverbrauch gegeben ist, die für Einhaltung einer bestimmten Erwärmung erforderliche Materialmenge bestimmen, wobei auch wieder die Eigenschaften des Widerstandes und die Art des Betriebes als bekannt vorausgesetzt werden. Es seien also in Gl. (13) I die Größen μ und τ_2 gegeben; können wir dann W_0 bestimmen, so können wir F ausrechnen, wodurch die Menge des Widerstandsmaterials bedingt ist. Es handelt sich also darum, W_0 zu berechnen und dies finden wir aus Gl. (14) I, da wir ja W und p als gegeben vorausgesetzt haben. Das Überlastungsverhältnis p ist aus Gl. (7a) I bekannt und unter der Voraussetzung abgeleitet, daß die Wärmezufuhr W während der Belastungszeit a unveränderlich sei. Dies trifft aber in unserem Falle für jedes Widerstandselement zu, da wir konstanten Strom während des Anlassens vorausgesetzt haben. Die Wärmemenge, die in einem Widerstandselement $\mathrm{d}r$ in der Zeiteinheit entwickelt wird, beträgt $i^2\mathrm{d}r$; bei Dauerbelastung würde dieselbe Erwärmung des Elements durch eine Wärmemenge

$$\mathrm{d}\,W_0 = \frac{i^2\,\mathrm{d}r}{p} = \frac{1 - e^{-\frac{a}{T_w}}}{1 - e^{-\frac{P}{T_w}}}\,i^2\,\mathrm{d}r$$

hervorgebracht werden. Hierin ist die Wärmezeitkonstante durch den Index w gegenüber der sonst in diesem Abschnitt benutzten Anlaßzeitkonstanten gekennzeichnet. Die Größe P, die Periode der Belastung, soll bei der weiteren Rechnung als konstant angesehen werden, denn sie hat nichts mit dem Anlaßvorgang selbst zu tun. Der einfacheren Schreibweise wegen soll die Abkürzung:

$$\psi = \frac{1}{1 - e^{-\frac{P}{T_w}}} \tag{18}$$

eingeführt werden. Die Zeit t ist die Belastungszeit des Elements und ist daher zu rechnen vom Beginn des Anlassens bis zum Zeitpunkte der Abschaltung des Widerstandselements. Wenn man nun über den ganzen Widerstand integriert, so erhält man:

$$W_0 = \psi \int_{r_m}^{r_1} \left(1 - e^{-\frac{t}{T_w}}\right) i^2 \, dr . \tag{19}$$

Wie schon erwähnt ist W_0 maßgebend für die Menge des Widerstandsmaterials, die für den Anlasser erforderlich ist, und damit auch für die Größe des Anlassers selbst. Wir wollen daher W_0 im folgenden kurz Anlassergröße nennen.

Nun ist r durch Gl. (5a) als Funktion von ω gegeben; unter Annahme einer bestimmten Art der Last (Wahl von α) erhält man aus Gl. (7a) die Abhängigkeit der Geschwindigkeit von der Zeit. Setzt man konstante Last voraus, so erhält man für den Widerstand durch Einsetzen von Gl. (12) in Gl. (5a) mit Beachtung von Gl. (13) den Ausdruck:

$$\frac{r}{r_1} = 1 - \eta \, (1 - \alpha) \, \frac{t}{T} .$$

Die Differentiation nach der Zeit ergibt:

$$dr = -r_1 \, \eta \, \frac{1 - \alpha}{T} \, dt$$

und dieser Wert, in Gl. (19) eingesetzt bei entsprechender Änderung und Vertauschung der Integrationsgrenzen, gibt:

$$W_0 = \psi \, i^2 \, r_1 \, \eta \, \frac{1 - \alpha}{T} \int_0^{t_s} \left(1 - e^{-\frac{t}{T_w}}\right) dt .$$

Die Integration ist einfach und ergibt nach Einsetzen der Grenzen:

$$W_0 = \psi \cdot \frac{i^2 r_1}{T} \eta\,(1 - \alpha)\left[t_s - T_w\left(1 - e^{-\frac{t_s}{T_w}}\right)\right].$$

Nun ist zu beachten, daß die folgenden Beziehungen bestehen:

$$i^2 r_1\, T \eta = E_n\, i\, T = L_a \cdot T = D\, \omega_n\, T = \Theta\, \omega_n^2 = 2\, A_n \qquad (20)$$

worin L_a und A_n die schon in Gl. (9a) eingeführte Anlaßleistung des Motors und die kinetische Energie der umlaufenden Massen bei normaler Drehzahl sind. Damit erhält man:

$$W_0 = \psi\, L_a\,(1 - \alpha)\,\frac{T_w}{T}\left[\frac{t_s}{T_w} - 1 + e^{-\frac{t_s}{T_w}}\right]. \qquad (21)$$

In den meisten praktischen Fällen ist die Zeitkonstante der gewählten Widerstandsanordnung sehr groß gegenüber der Anlaßzeit, so daß $\dfrac{t_s}{T_w}$ eine kleine Größe ist. Wenn wir daher wieder die Potenzreihe der Exponentialfunktion (s. S. 8) benutzen und die Glieder vom 3. Grade ab vernachlässigen, so erhalten wir für den Ausdruck der eckigen Klammer in Gl. (21) den Wert $\dfrac{1}{2}\left(\dfrac{t_s}{T_w}\right)^2$. Ferner ist nach Gl. (2), Abschn. I, die Kapazität des Widerstandes $K = W_0\, T_w$ und mit Beachtung von Gl. (20) erhalten wir:

$$W_0 \cdot T_w = K = \psi\, A_n\,(1 - \alpha)\left(\frac{t_s}{T}\right)^2. \qquad (22)$$

Ist nun etwa auch die Belastungsperiode P sehr klein gegen T_w, so kann man auch die in ψ enthaltene Exponentialfunktion durch ihre Reihe ersetzen und die Glieder vom quadratischen ab vernachlässigen. Es wird dann $\psi = \dfrac{T_w}{P}$ und hiermit erhält man:

$$W_0 \cdot P = A_n\,(1 - \alpha)\left(\frac{t_s}{T}\right)^2. \qquad (23)$$

Wird der Motor nur selten angelassen, sagen wir ein- oder zweimal am Tag, so daß der Widerstand Zeit hat, sich wieder vollständig abzukühlen, so können wir in Gl. (18) $P = \infty$ setzen; dann wird $\psi = 1$. Wir erhalten dann aus Gl. (22):

$$K_0 = A_n\,(1 - \alpha)\left(\frac{t_s}{T}\right)^2 \qquad (24)$$

Die rechte Seite der Gl. (22), (23) und (24) kann man auch etwas anders schreiben. Drückt man nach Gl. (12) die Anlaßzeit durch die **ihr** entsprechende Geschwindigkeit aus, so wird beispielsweise in Gl. (24):

$$K_0 = \frac{A_n}{1-\alpha} \cdot \left(\frac{\omega_n'}{\omega_n}\right)^2 .$$

Nun ist aber $A_n \left(\frac{\omega_n'}{\omega_n}\right)^2 = \frac{1}{2}\, \Theta\, \omega_n^2 \left(\frac{\omega_n'}{\omega_n}\right)^2 = \frac{1}{2}\, \Theta\, \omega_n'^2 = A_n'$ die kinetische Energie der umlaufenden Massen am Ende der Anlaßzeit, die wir ja nur bis zu dem Zeitpunkt rechnen, in welchem gerade der ganze Vorschaltwiderstand abgeschaltet ist. Ferner ist $1-\alpha = \frac{D-M}{D} = \frac{D_b}{D}$, worin D_b das Beschleunigungsmoment bezeichne, und daher erhält man:

$$K_0 : A_n' = D : D_b . \tag{25}$$

Die erforderliche Wärmekapazität des Anlaßwiderstandes bei sehr großer Wärmezeitkonstante oder, was dasselbe ist, die im Widerstande während des Anlassens in Wärme umgesetzte Energie **verhält sich zu der kinetischen Energie der umlaufenden Massen am Ende der Anlaßzeit wie das Anlaßdrehmoment des Motors zum Beschleunigungsmoment.**

Multipliziert man Gl. (21) mit T_w, so erhält man mit Beachtung von Gl. (20):

$$K = \psi\, A_n\,(1-\alpha) \cdot 2\,\frac{T_w^2}{T^2}\left[\frac{t_s}{T_w} - 1 + e^{-\frac{t_s}{T_w}}\right], \tag{26}$$

als Wärmekapazität des Widerstandes bei beliebiger Zeitkonstante. Nach Division mit Gl. (24) kann man die Kapazität auch in folgender Form schreiben:

$$\frac{K}{K_0} = \psi\, 2 \left(\frac{T_w}{t_s}\right)^2 \left[\frac{t_s}{T_w} - 1 + e^{-\frac{t_s}{T_w}}\right]. \tag{26\,a}$$

Die Gl. (21) bis (24) gelten sämtlich für einen beliebigen Zeitpunkt während des Anlassens, indem man einfach t statt t_s setzt; dann bezieht sich W_0 eben auch nur auf den Teil des Widerstandes, der bis zum Zeitpunkt t eingeschaltet bleibt. Die Gleichungen geben daher auch die Funktionen, nach welchen sich der Wärmeinhalt des Widerstandes ändert.

§ 25. Berechnungsverfahren für beliebige Lastkennlinie. Die Ableitungen zeigen, daß selbst in diesem einfachen Falle, wo das Lastmoment konstant ist, die Gleichungen einen etwas umständlichen Aufbau haben. Dazu kommt, daß in der Praxis häufig das Lastmoment nicht durch einfache analytische Funktionen, wie in Gl. (11a, b, c) sondern durch versuchsmäßig aufgenommene Kurven zeichnerisch gegeben ist. In solchen Fällen muß man den zulässigen Dauerverbrauch, für welchen der Widerstand zu bemessen ist, ebenfalls auf zeichnerischem Wege ermitteln.

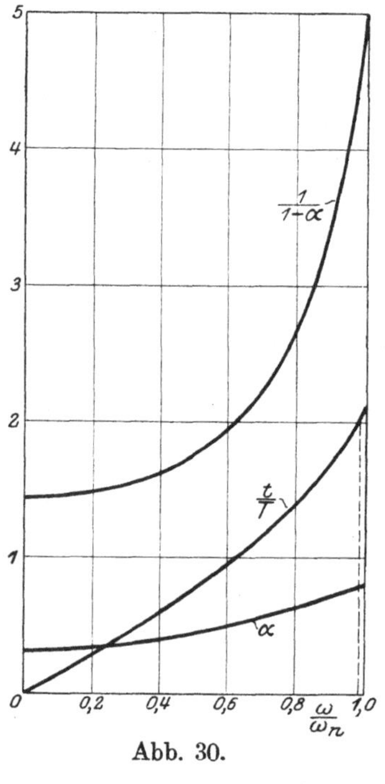

Abb. 30.

Es sei also $\alpha = f(\omega)$ zeichnerisch gegeben; dann erhält man aus Gl. (7a):

$$t = \frac{T}{\omega_n} \int\limits_0^\omega \frac{d\omega}{1-\alpha} \,. \qquad (7\,\mathrm{b})$$

Man trägt sich den Wert $\dfrac{1}{1-\alpha}$ als Kurve über ω auf und berechnet die Fläche zwischen dieser Kurve, den beiden Achsen und der durch ω gelegten Ordinate*). In Abb. 30 ist diese Berechnung der Anlaßzeit durchgeführt, wofür als Beispiel ein Nebenschlußmotor von 16,5 kW Nutzleistung (einschließlich Luft- und Lagerreibung) gewählt wurde. Der Widerstand des Ankerkreises betrage 0,175 Ohm, der normale Ankerstrom 80 Amp., somit der Wirkungsgrad bei 220 Volt Klemmenspannung

$$\eta = \frac{220 - 80 \cdot 0,175}{220} = 0,936 \,.$$

Da die α-Kurve für $\dfrac{\omega}{\omega_n} = 1$ den Wert 0,8 besitzt, so wird $\varepsilon = \dfrac{1}{0,8}$ = 1,25. In dem Augenblicke, wo aller Widerstand gerade ab-

---

*) Dies Verfahren wird auch von Blanc[1]) in einer sehr lesenswerten Arbeit über den Anlauf motorisch angetriebener Massen benutzt.

geschaltet ist (also am Ende der Anlaßzeit), besitzt der Motor die relative Geschwindigkeit nach Gl. (15a):

$$\frac{\omega_n'}{\omega_n} = \frac{1 - 1{,}25 \cdot (1 - 0{,}936)}{0{,}936} = 0{,}983 \, .$$

Hierfür findet sich aus der graphisch berechneten Zeitkurve $\frac{t}{T} = 2{,}01$. Nimmt man als kinetische Energie der anzutreibenden Schwungmassen einschließlich des Motorankers $A_n = 90 \,\mathrm{kJ}$ an, so erhält man nach Gl. (9a) die Anlaßzeitkonstante zu

$$T = \frac{2 \cdot 90}{1{,}25 \cdot 16{,}5} = 8{,}7 \,\mathrm{Sek.}$$ und daher die Anlaßzeit zu $t_s = 2{,}01 \cdot 8{,}7$

$= 17{,}5 \,\mathrm{Sek.}$ Jetzt handelt es sich darum, die Größe des Widerstandes, die Anlassergröße, zu bestimmen; mit Hilfe von Gl. (19) kann man diese berechnen. Es ist jedoch für den vorliegenden Zweck vorteilhaft, diese Gleichung etwas umzuformen. Da

$$1 - e^{-x} = \int\limits_0^x e^{-x} \, \mathrm{d}x$$

ist, so ergibt sich unter Beachtung von Gl. (20):

$$W_0 = \psi \, L_a \frac{1}{r_1 \, \eta} \int\limits_{r_m}^{r_1} \left(1 - e^{-\frac{t}{T_w}} \right) \mathrm{d}r = \psi \, L_a \frac{1}{r_1 \, \eta} \int\limits_{r_m}^{r_1} \mathrm{d}r \int\limits_0^t \frac{e^{-\frac{t}{T_w}}}{T_w} \cdot \mathrm{d}t \, .$$

Durch partielle Integration und Einsetzen der Grenzen $r = r_m$, $t = t_s$ und $r = r_1$, $t = 0$ erhält man hieraus:

$$W_0 = \psi \, L_a \frac{1}{r_1 \, \eta \, T_w} \left[r \int\limits_0^t e^{-\frac{t}{T_w}} \mathrm{d}t - \int r \cdot e^{-\frac{t}{T_w}} \mathrm{d}t \right]_{r_m,\, t_s}^{r_1,\, 0}$$

$$= \psi \, L_a \frac{1}{r_1 \, \eta \, T_w} \left[- r_m \int\limits_0^{t_s} e^{-\frac{t}{T_w}} \mathrm{d}t + \int\limits_0^{t_s} r \cdot e^{-\frac{t}{T_w}} \mathrm{d}t \right]$$

$$W_0 = \psi \, L_a \cdot \frac{1}{\eta} \int\limits_0^{t_s} \frac{r - r_m}{r_1} \, e^{-\frac{t}{T_w}} \frac{\mathrm{d}t}{T_w} \, . \tag{27}$$

Hiernach kann man W_0 leicht auf graphischem Wege berechnen, indem man r als Funktion der Zeit aufträgt, die Differenz $(r - r_m)$ mit der Exponentialfunktion multipliziert und die von dieser Kurve und den Achsen eingeschlossene Fläche berechnet. Es ist jedoch zweckmäßig, als Abszisse die jeweilige Zeit im Verhältnis zur Anlaßzeit t_s aufzutragen. Um unsere Formel hiermit in Einklang zu bringen, setzen wir $\tau_s = \dfrac{t_s}{T_w}$ und erhalten damit:

$$W_0 = \psi\, L_a\, \frac{\tau_s}{\eta} \int\limits_0^1 \frac{r - r_m}{r_1}\, e^{-\tau_s \frac{t}{t_s}} \cdot \mathrm{d}\frac{t}{t_s}\,. \tag{27a}$$

In den meisten Fällen ist jedoch die Wärmezeitkonstante derartig groß gegenüber der Anlaßzeit ($\tau_s \ll 1$), daß es genügt, die Exponentialfunktion gleich eins zu setzen. In diesem Falle wird:

$$W_0 = \psi\, L_a\, \frac{\tau_s}{\eta} \int\limits_0^1 \frac{r - r_m}{r_1}\, \mathrm{d}\frac{t}{t_s}\,. \tag{28}$$

Diese Gleichung kann man ähnlich den Entwicklungen in § 24 auch schreiben:

$$W_0 \cdot T_w = K = \psi\, A_n \cdot \frac{2}{\eta}\, \frac{t_s}{T} \int\limits_0^1 \frac{r - r_m}{r_1}\, \mathrm{d}\frac{t}{t_s}\,. \tag{28a}$$

Für konstantes Drehmoment folgt hieraus durch Ausrechnung des Integrals wieder Gl. (22), wie leicht nachweisbar.

Jetzt stellt das Integral in Gl. (28) unmittelbar die Fläche zwischen der r-Kurve, der Wagerechten $r = r_m$ und der Ordinatenachse dar[15]) (s. hierzu S. 67). In Abb. 31 ist der Wert $\dfrac{r}{r_1}$, der nach Gl. (5a) aus Abb. 30 berechnet wurde, als Funktion von $\dfrac{t}{t_s}$ aufgetragen. Die Wärmezeitkonstante des Widerstandsdrahtes wird am kleinsten, wenn der Draht frei gespannt ist, und für einen Rheotandraht von 2 mm Stärke ergeben sich dann, wie in § 7 berechnet, etwa 2,5 Min. als Zeitkonstante. Nimmt man als kleinste für unser Beispiel in Betracht kommende Zeitkonstante 2 Min. an,

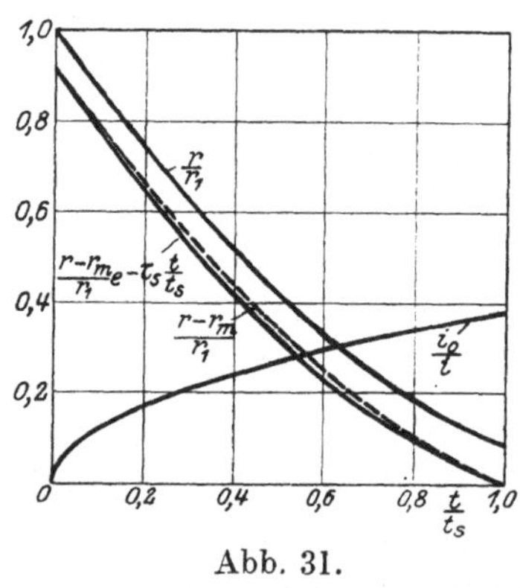

Abb. 31.

so wird $\tau_s = \dfrac{17{,}5}{120} = 0{,}146$. Für diesen Wert wurde in Abb. 31

die Kurve $\dfrac{r - r_m}{r_1}\, e^{-\tau_s \frac{t}{t_s}}$ berechnet. Die graphische Integration der zwischen dieser Kurve und den Achsen liegenden Fläche ergibt den Wert 0,365. Wir nehmen an, daß nur in sehr großen Zwischenräumen angelassen wird und setzen daher $P = \infty$, also $\psi = 1$; dann erhalten wir aus Gl. 27 a), da ja $L_a = \varepsilon\, L_n$ ist:

$$W_0 = 1,25 \cdot 16,5 \cdot \frac{0,146}{0,936} \cdot 0,365 = 1,17\ \text{kW}$$

als diejenige Leistung, die der Widerstand bei Dauerbelastung aufnehmen müßte.

Würde man als Widerstandselemente etwa Porzellanzylinder benutzen, deren Zeitkonstante ungefähr 15 Min. beträgt, so wäre $\tau_s = \dfrac{17,5}{900} = 0,0195$. Da dieser Wert sehr klein ist, so wollen wir für die Berechnung des Integrals in der Exponentialfunktion $\tau_s = 0$ setzen; in Abb. 31 ist die Kurve $\dfrac{r - r_m}{r_1}$ gestrichelt eingezeichnet und die von dieser begrenzte Fläche hat den Wert 0,383. Die erforderliche Dauerleistung des Widerstandes beträgt in diesem Falle:

$$W_0 = 1,25 \cdot 16,5 \cdot \frac{0,0195}{0,936} \cdot 0,383 = 0,165\ \text{kW}.$$

Würden wir im ersten Falle, d. h. bei einer Wärmezeitkonstanten $T_w = 2$ Min., ebenfalls die Exponentialfunktion gleich eins gesetzt, also nur die von der Widerstandskurve $\dfrac{r - r_m}{r_1}$ begrenzte Fläche berechnet haben, so wäre der begangene Fehler $\dfrac{0,383 - 0,365}{0,365} \cdot 100 = 5\%$ gewesen und dies würde praktisch durchaus zulässig sein.

Der Widerstand ist damit für stetiges Anlassen festgelegt. Nun erhält der Anlasser in Wirklichkeit Stufen von endlicher Größe, jedoch von solcher Feinheit, daß keine wesentlichen Stromsprünge auftreten. Setzen wir konstante Schaltgeschwindigkeit voraus, so müssen die Stufen alle von gleicher Größe sein, wie wir früher gesehen haben. Es ist nun ein leichtes, an Hand der Abb. 31 die Einteilung der Stufen vorzunehmen und den

Querschnitt des Widerstandsmaterials für die einzelnen Stufen festzulegen, da ja aus derselben Kurve auch die Belastungszeit entnommen werden kann. Ist $\varDelta r$ der Widerstand einer Stufe und t ihre Belastungszeit, so ist die entwickelte Wärme $i^2 \varDelta r \cdot t$; gleich dieser Größe ist die Wärmekapazität der Stufe zu wählen. Nach Gl. (2), § 1 ist aber diese Größe gleich dem dauernd zulässigen Verbrauch mal der Zeitkonstante. Ist i_0 also der zulässige Dauerstrom, so wird:

$$i^2 \varDelta r \cdot t = i_0^2 \cdot \varDelta r \cdot T_w \, .$$

Als Anlaßstrom hatten wir $i = 1{,}25 \cdot 80$ Amp., als Wärmezeitkonstante 120 Sek. gewählt; greifen wir nun den Punkt $0{,}4\, t_s$ heraus, so erhalten wir:

$$i_0 = i \sqrt{\frac{t}{T_w}} = 1{,}25 \cdot 80 \sqrt{\frac{0{,}4 \cdot 17{,}5}{120}} = 24{,}2 \text{ Amp.}$$

Auf diese Weise wurde die Kurve $\dfrac{i_0}{i}$ in Abb. 31 berechnet. Danach läßt sich nun der Widerstand vollständig bestimmen.

§ 26. Die Energieumsetzung beim Anlassen. Da wir zur Erreichung der erforderlichen Drehzahl des Motors dem Anker einen Widerstand vorschalten und diesen erst allmählich mit der Steigerung der Geschwindigkeit verringern, so wird in diesem Widerstand auch eine gewisse Energiemenge, die vom Netz zu liefern ist, in Wärme umgesetzt. Diese Energie sowie die anderen beim Anlassen auftretenden Energieformen wollen wir jetzt untersuchen. Wir setzen wie bisher voraus, daß das Anlassen stetig erfolgt, und aus den zu Anfang angeführten Gründen soll der Anlaßstrom und damit das Motordrehmoment konstant bleiben. Dann beträgt die im Widerstand in Wärme umgesetzte Energie

$$Q_w = \int i^2 r \, \mathrm{d}t = i^2 \int_0^{t_s} r \, \mathrm{d}t \, . \tag{29}$$

Eine weitere Energiemenge wird zur Beschleunigung der Massen aufgewendet; diese beträgt

$$Q_\Theta = \int_0^{\omega_n'} \Theta \, \omega \, \mathrm{d}\omega = \tfrac{1}{2} \Theta \, \omega_n'^2 \, . \tag{30}$$

Die mechanische Differentialgleichung des Motors lautete

$$\frac{T}{\omega_n}\,\frac{d\omega}{dt} = 1 - \alpha\,. \tag{7a}$$

Führen wir mittels dieser Gleichung in der vorigen Gleichung als Integrationsvariable t ein, so ergibt sich nach kurzer Umformung

$$Q_\Theta = \int\limits_0^{t_s} D\,\omega\,(1 - \alpha)\,dt\,.$$

Nun ist aber $D\,\omega = E\,i$ und ferner $E = U - i\,r$; die Klemmenspannung wird im Augenblick des Einschaltens gänzlich durch den dann eingeschalteten Gesamtwiderstand r_1 aufgebraucht, es ist also $U = i\,r_1$ und daher können wir den Ausdruck für die Beschleunigungsenergie auch folgendermaßen schreiben

$$Q_{\dot\Theta} = i^2 \int\limits_0^{t_s} [r_1 - r]\,(1 - \alpha)\,dt\,. \tag{30a}$$

Zur Überwindung des Lastdrehmoments wird die folgende Energie verbraucht

$$Q_M = \int\limits_0^{t_s} M\,\omega\,dt\,, \tag{31}$$

oder nach Umformung wie vorher unter Weglassung der Zwischenrechnung

$$Q_M = i^2 \int\limits_0^{t_s} [r_1 - r]\,\alpha\,dt\,. \tag{31a}$$

Diese beiden letzten Energiemengen sind nutzbar aufgewendet; sie geben zusammen

$$Q_n = Q_M + Q_\Theta = i^2 \int\limits_0^{t_s} [r_1 - r]\,dt \tag{32}$$

und werden durch die elektromagnetische Leistung des Motors gedeckt. Man kann sie daher auch durch das Integral

$$Q_n = \int\limits_0^{t_s} E\,i\,dt \tag{32a}$$

darstellen. Vom Netz wird während des Anlassens die Energie

$$Q_1 = \int_0^{t_s} U\,i\,\mathrm{d}t \tag{33}$$

geliefert, und da $U = E + i\,r$ ist, so wird

$$Q_1 = \int_0^{t_s} E\,i\,\mathrm{d}t + i^2 \int_0^{t_s} r\,\mathrm{d}t = Q_n + Q_w, \tag{33a}$$

d. h. es wird gerade so viel vom Netz geliefert, wie zur Deckung der nutzbar verwendeten und der in Wärme umgesetzten Energie gebraucht wird; das Energiegesetz ist also erfüllt.

Eine weitere Größe, die wir hier in Betracht ziehen wollen, ist die Kapazität des Anlassers für den Fall einer sehr großen Zeitkonstanten. Den allgemeinen Ausdruck für die Kapazität liefert uns Gl. (19), wenn wir sie nach Gl. (2), Abschn. I mit T_w multiplizieren. Hierin setzen wir zunächst $P = \infty$, also $\psi = 1$, d. h. der Widerstand sei vor neuem Gebrauch wieder vollständig abgekühlt. Ferner ist für sehr große Werte von T_w, im Grenzfalle für $T_w = \infty$, wie man leicht findet:

$$\lim_{T_w = \infty} \left(1 - e^{-\frac{t}{T_w}} \right) T_w = \left[\frac{1 - e^{-\frac{t}{T_w}}}{\dfrac{t}{T_w}} \cdot t \right]_{T_w = \infty} = t\,.$$

Damit erhalten wir aus Gl. (19)

$$K = \int_{r_m}^{r_1} i^2\,t \cdot \mathrm{d}r \tag{34}$$

und hieraus folgt weiter durch partielle Integration

$$K = i^2 \int_{r_m}^{r_1} t\,\mathrm{d}r = i^2\,[t\,r]_{t_s,\;r_m}^{0,\;r_1} - i^2 \int_{t_s}^{0} r\,\mathrm{d}t = i^2 \int_0^{t_s} r\,\mathrm{d}t - i^2\,r_m\,t_s,$$

also

$$K = Q_w - V \tag{35}$$

Die letzte Größe V ist die während des Anlassens innerhalb des Motors in Wärme umgesetzte Energie, der Verlust im Motor.

Wir wollen jetzt versuchen, diese Formeln in einem Kurvenbild uns zu veranschaulichen. Zu dem Zwecke tragen wir den Widerstand r als Ordinate über der Zeit als Abszisse auf (Kurve BE in Abb. 32) und ziehen außerdem eine Parallele zur Ordinatenachse durch den Punkt $t = t_s$ ($\overline{AC}$) und zwei Parallelen zur Abszissenachse durch die Punkte $r = r_m$ ($\overline{DE}$) und $r = r_1$ ($\overline{BC}$), wie dies in Abb. 32 geschehen ist. Ferner teilen wir die Verlängerung der Ordinate zwischen der Kurve BE und der Geraden $\overline{BC}$ im Verhältnis $\alpha : 1$ und ziehen durch die gefundenen Punkte eine neue Kurve (in Abb. 32 Kurve BF).*). Wenn wir uns jetzt die Bedeutung der oben aufgestellten Integrale vor Augen führen, so

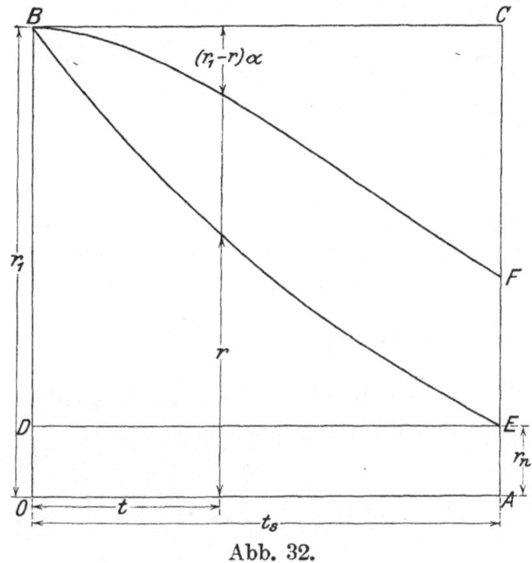

Abb. 32.

können wir die betreffenden Energiegrößen durch entsprechende Flächen der Abb. 32 darstellen, indem wir deren Inhalt mit der konstanten Größe i^2 multiplizieren. Wir erhalten auf diese Weise die folgenden Energiegrößen mit den ihnen entsprechenden Flächen:

$$Q_w = i^2 \int_0^{t_s} r \, dt \qquad\qquad = i^2 \cdot \overline{OAEB},$$

$$Q_\vartheta = i^2 \int_0^{t_s} [r_1 - r] (1 - \alpha) \, dt = i^2 \cdot \overline{BEF},$$

---

*) Die Kurven in Abb. 32 wurden für den Nebenschlußmotor entworfen, und zwar für den Fall, daß das Lastmoment proportional der Geschwindigkeit ansteigt. Dabei wurde $\varepsilon = \tfrac{3}{2}$ und $\eta = 0{,}9$ gewählt, womit alle Unterlagen gegeben sind.

$$Q_M = i^2 \int_0^{t_s} [r_1 - r]\, \alpha \, dt \qquad = i^2 \cdot \overline{BFC}\,,$$

$$Q_n = i^2 \int_0^{t_s} [r_1 - r]\, dt \qquad = i^2 \cdot \overline{BEC}\,,$$

$$Q_1 = i^2 \int_0^{t_s} r_1\, dt \qquad = i^2 \cdot \overline{OACB}\,,$$

$$K = i^2 \int_{r_m}^{r_1} t\, dr \qquad = i^2 \cdot \overline{DEB}\,,$$

$$V = i^2 \int_0^{t_s} r_m\, dt \qquad = i^2 \cdot \overline{OAED}\,.$$

Wir können jetzt auch den Wirkungsgrad des Anlaßvorganges
bestimmen. Nennen wir diesen ϱ, so erhalten wir dafür den
Ausdruck

$$\varrho = \frac{Q_n}{Q_1} = 1 - \frac{Q_w}{Q_1}\,. \tag{36}$$

Mit Hilfe der vorhergehenden Gleichungen können wir diesen
Ausdruck auch leicht auf die Formen bringen:

$$\varrho = \int_0^1 \left[1 - \frac{r}{r_1}\right] d\left(\frac{t}{t_s}\right) = \int_0^1 \frac{E}{U}\, d\left(\frac{t}{t_s}\right) = \int_0^1 \eta_t\, d\left(\frac{t}{t_s}\right). \tag{36a}$$

Die letzte Form ist besonders beachtenswert und leicht zu be-
halten. Wir hatten zu Anfang den Ankerwirkungsgrad $\eta = \dfrac{E_n}{U}$
des Motors eingeführt; wenn wir nun diesen Begriff verallgemeinern,
so ist $\eta_t = \dfrac{E}{U}$ der augenblickliche Wirkungsgrad des Ankerkreises zu einem beliebigen Zeitpunkt t während des Anlassens.
Der Mittelwert dieses Wirkungsgrades, über die ganze Anlaßzeit
gerechnet, ist aber der Anlaßwirkungsgrad.

Wir wollen jetzt die Formeln auf unseren Fall des konstanten
Lastmoments anwenden. Aus Gl. (5a), (12) und (13) folgt zunächst:

$$\frac{r}{r_1} = 1 - \eta\,(1 - \alpha)\,\frac{t}{T}$$

und dies in Gl. (24) eingesetzt gibt:

$$Q_w = i^2 \int_0^{t_s} r_1 \left[1 - \eta\,(1 - \alpha)\,\frac{t}{T} \right] \mathrm{d}t = i^2 r_1 t_s \left[1 - \frac{1}{2}\,\eta\,(1 - \alpha)\,\frac{t_s}{T} \right].$$

Nun ist nach Gl. (20) $i^2\,r_1 = \dfrac{2\,A_n}{\eta\,T} = 2\,\eta\,\dfrac{A_s}{T}$, wobei

$$A_s = \tfrac{1}{2}\,\Theta\,\omega_s^2 \tag{37}$$

die kinetische Energie der umlaufenden Massen bei der Grenzgeschwindigkeit ω_s ist. Mit Benutzung von Gl. (17) erhalten wir leicht:

$$Q_w = A_s\,\frac{1}{1 - \alpha}\left[1 - \left(\frac{r_m}{r_1}\right)^2 \right].$$

In derselben Weise berechnen wir auch die übrigen Energiegrößen und erhalten:

$$Q_\Theta = A_s \left[1 - \frac{r_m}{r_1} \right]^2,$$

$$Q_M = A_s\,\frac{\alpha}{1 - \alpha}\left[1 - \frac{r_m}{r_1} \right]^2,$$

$$Q_1 = A_s\,\frac{2}{1 - \alpha}\left[1 - \frac{r_m}{r_1} \right],$$

$$K = A_s\,\frac{1}{1 - \alpha}\left[1 - \frac{r_m}{r_1} \right]^2$$

Der Anlaßwirkungsgrad folgt dann aus Gl. (36a) zu:

$$\varrho = \frac{1}{2}\left[1 - \frac{r_m}{r_1} \right].$$

Von besonderem Interesse ist der Fall des vollkommenen Leeranlaufs bei Vernachlässigung des Verlustes im Motor selbst. Dann ist $\alpha = 0$, $\eta = 1$, also $r_m = 0$, und es wird, da jetzt auch $A_n = A_s$ ist,

$$Q_w = A_n, \qquad Q_\Theta = A_n, \qquad Q_M = 0, \qquad Q_1 = 2\,A_n, \qquad K = A_n$$

Vom Netz werden also $2\,A_n$ geliefert, davon wird die Hälfte in Wärme umgesetzt und die andere Hälfte als kinetische Energie aufgespeichert. Der Wirkungsgrad beträgt dann also 50%.

V. Grobstufiges Anlassen bei Gleichstrommotoren.

§ 27. Grundlagen. Einführung der Maschinenkennlinie. Wesentlich anders ist der Anlasser zu entwerfen, wenn er wenige grobe Stufen erhalten soll. Wenn man hier mit dem Schleifstück von einem Kontakt auf den nächsten geht, springt der Strom augenblicklich auf einen wesentlich höheren Wert, entsprechend dem Sprung im Widerstande. Von einer Wirkung der Selbstinduktion wollen wir hierbei vollständig absehen, denn erstens ist sie wegen des hohen Anlaßwiderstandes sehr gering und zweitens würde ihre Einführung die Rechnung unnötig umständlich und unübersichtlich machen. Wie schon früher festgelegt, sollen hier die Höchstwerte des Stromes auf jeder Stufe gleich groß sein und diejenige Größe haben, die für den betreffenden Motor oder Apparat gerade noch zulässig ist.

Nachdem das Schleifstück auf einen bestimmten Kontakt geschaltet ist, muß man eine Weile warten, bis der Motor sich beschleunigt hat und der Strom entsprechend gesunken ist. Der Wärter, der den Anlasser bedient, wird dabei den Stromzeiger beobachten, und um ein möglichst gleichmäßiges Anlassen zu erzielen, wird es für ihn am einfachsten sein, wenn er den Schalthebel auf jeder Stufe so lange stehen läßt, bis der Strom denselben Wert wie auf den vorhergehenden Stufen erreicht hat. Indem er sich einen solchen Stromwert merkt, der vielleicht gleich für den Anlasser vorgeschrieben ist, kann er jedesmal den Motor bei beliebiger Last in gleicher Weise anlassen. Dieser niedrigste Strom, sowie der vorhin erwähnte höchste Strom kann nötigenfalls auf dem Stromzeiger gekennzeichnet werden. Bei diesem Anlaßverfahren bleibt der Strom also zwischen zwei Grenzwerten, die man während des Anlaufes leicht einhalten kann.

Bezeichnet s das Verhältnis des höchsten Stromes zum niedrigsten, das nach dem Vorhergehenden während des Anlaufes konstant bleibt, ist ferner i_0 der auftretende Höchststrom, r_ν der Widerstand des Stromkreises, wenn der Hebel auf dem νten Kontakt steht, E_ν die EMK am Ende dieser Stufe, also unmittelbar bevor man vom νten auf den $(\nu + 1)$ten Kontakt schaltet, $E'_{\nu-1}$ die EMK am Anfange derselben Stufe, also nachdem man gerade vom $(\nu - 1)$ten auf den νten Kontakt geschaltet hat, sind ferner E und i die EMK und der Strom zu einem beliebigen

Zeitpunkt auf der νten Stufe, so gibt das Ohmsche Gesetz die folgenden Gleichungen:

$$U = E_{\nu-1} + \frac{i_0}{s} r_{\nu-1} = E'_{\nu-1} + i_0 \, r_\nu = E_\nu + \frac{i_0}{s} r_\nu = E + i \, r_\nu \, . \qquad (1)$$

Diese Gleichungen werden nämlich durch die Forderung gegeben, daß zu jedem beliebigen Zeitpunkt der Ohmsche Spannungsverlust gerade den Unterschied zwischen der Klemmenspannung und der auftretenden EMK decken muß.

Die beiden EMKe $E_{\nu-1}$ und $E'_{\nu-1}$ vor und nach dem Übergang von einer Stufe auf die nächste sind nun zwar beim Nebenschlußmotor gleich groß, da hier der Fluß sich nicht ändert; beim Hauptschlußmotor dagegen ist der Fluß vom Strome abhängig und ändert sich mit diesem der „Magnetisierungskurve" des Motors, seiner Kennlinie, entsprechend. In Abb. 33 ist eine solche Kurve dargestellt. Um einen Punkt der Kurve unabhängig vom Maßstab einwandfrei zu kennzeichnen, empfiehlt es sich, die folgende Methode[14]) anzuwenden. Man legt im Punkte P eine Tangente an

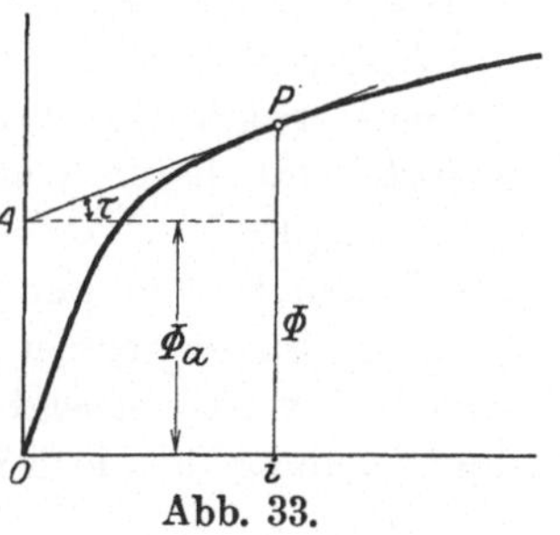

Abb. 33.

die Kurve, die die Ordinatenachse in A schneidet, und bildet das Verhältnis des Abschnittes OA auf der Ordinatenachse zur Ordinate selbst. Dieses Verhältnis sei Sättigungsfaktor genannt, da es den Sättigungsgrad der Maschine kennzeichnet, und mit φ bezeichnet. Dann ist also:

$$\varphi = \frac{\Phi_a}{\Phi} \, . \qquad (2)$$

Nun findet sich aus der Abbildung ohne weiteres

$$\Phi = \Phi_a + i \cdot \mathrm{tg}\,\tau = \Phi_a + i \cdot \frac{\mathrm{d}\Phi}{\mathrm{d}i}$$

und daher

$$\varphi = \frac{\Phi - i \dfrac{\mathrm{d}\Phi}{\mathrm{d}i}}{\Phi} = 1 - \frac{i}{\Phi} \cdot \frac{\mathrm{d}\Phi}{\mathrm{d}i} \, . \qquad (2\,\mathrm{a})$$

Aus der analytischen Geometrie ist bekannt, daß die Gleichung der Tangente an die Kurve im Punkte $(i_0,\ \Phi_0)$ lautet:

$$\Phi - \Phi_0 = \left(\frac{\mathrm{d}\,\Phi}{\mathrm{d}\,i}\right)_0 \cdot (i - i_0)\,.$$

Den Differentialquotienten $\dfrac{\mathrm{d}\,\Phi}{\mathrm{d}\,i}$ im Punkte P_0 wollen wir nun durch den Sättigungsfaktor φ für denselben Punkt ausdrücken und erhalten mit Gl. (2a):

$$\Phi = \varphi\,\Phi_0 + (1 - \varphi)\,\Phi_0\,\frac{i}{i_0}\,. \tag{3}$$

Diese Gleichung soll jetzt zur analytischen Untersuchung des Anlaßvorganges benutzt werden. Wir haben hier die Kennlinie des Motors durch ihre Tangente im Punkte des höchsten Anlaßstromes ersetzt und begehen damit eine kleine Ungenauigkeit. Jedoch wird dadurch erst die Möglichkeit geschaffen, den Vorgang analytisch zu verfolgen und außerdem dürfte die Abweichung der Tangente von der Kennlinie zwischen den beim Anlassen üblichen Stromgrenzen und der hierdurch entstehende Fehler praktisch vernachlässigbar sein. Führen wir nun diesen Fluß in die Gleichung für die EMK (§ 22, Gl. (2)) ein, so erhalten wir:

$$E = c\,\omega\,\Phi = c\,\omega\left[\varphi\,\Phi_0 + (1 - \varphi)\,\Phi_0\,\frac{i}{i_0}\right]\,. \tag{4}$$

Ähnlich wie früher führen wir jetzt wieder eine Geschwindigkeit ω_s ein, die wir durch die Gleichung bestimmen:

$$U = c\,\omega_s\,\Phi_0 \tag{4a}$$

und erhalten durch Division von Gl. (4) und (4a):

$$\frac{E}{U} = \frac{\omega}{\omega_s}\left[\varphi + (1 - \varphi)\,\frac{i}{i_0}\right]\,. \tag{5}$$

Führen wir hier noch den Strom ein:

$$J = \frac{\varphi}{1 - \varphi}\cdot i_0\,, \tag{6}$$

dessen Bedeutung sich später ergeben wird, so können wir schreiben

$$\frac{E}{U} = \varphi\cdot\frac{\omega}{\omega_s}\left[1 + \frac{i}{J}\right]\,. \tag{5a}$$

Der Vorgang ist nun der folgende: Auf der ν ten Stufe sei der Strom i_0 vorhanden, dann beschleunigt sich der Motor, seine EMK wächst infolge zunehmender Geschwindigkeit und der Strom nimmt ab, wobei stets Gl. (1) gelten muß; ist der Strom $\dfrac{i_0}{s}$ erreicht, so wird auf den nächsten Kontakt geschaltet und die EMK wächst jetzt bei konstanter Geschwindigkeit allein infolge Zunahme des Stromes nach der Magnetisierungskurve, die wir durch die Gerade in Gl. (5) ersetzt haben. Diesen Verlauf wollen wir uns in einem Kurvenbild vor Augen führen.

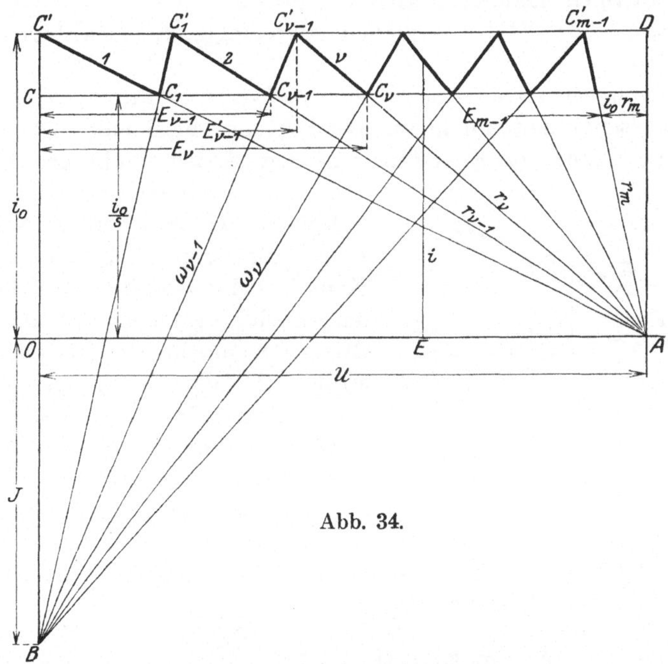

Abb. 34.

Nach dem Vorschlage von Görges[8]) tragen wir den Strom als Funktion der EMK auf; dann erhält man für jede Stufe nach Gl. (1) eine Gerade, die alle die Abszissenachse in demselben Punkte A, wo $E = U$ ist, schneiden (siehe Abb. 34). Von diesen Geraden brauchen wir für unser Diagramm nur die Stücke $C'_{\nu-1}\,C_\nu$, die zwischen den beiden Wagerechten i_0 und $\dfrac{i_0}{s}$ liegen, und diese

Stücke verbinden wir durch eine andere Schar von Geraden, die durch Gl. (5) gegeben sind. Diese Geraden schneiden sich ebenfalls sämtlich in einem und demselben Punkt und zwar in B auf der Ordinatenachse mit der Ordinate $i = -J$. Dieser Strom ist von großer Bedeutung für die erforderliche Stufenzahl des Anlassers; seine Größe ist nach Gl. (6) bei gegebenem Anlaßstrom nur abhängig von dem Sättigungsfaktor, also von dem Punkte der Kennlinie, an welchem der Motor arbeitet. Hierbei ergeben sich nun folgende Grenzfälle:

1. $\varphi = 0$; gerade Kennlinie, EMK proportional dem Strome, ungesättigter Hauptschlußmotor: $J = 0$.

2. $\varphi = 1$; EMK vom Strome unabhängig; Nebenschlußmotor: $J = \infty$.

Dazwischen kann man beliebige Werte erhalten, wenn man Doppelschlußmotoren in die Betrachtung einschließt. Für diese ist die Größe von φ erstens von dem Arbeitspunkt der Kennlinie und zweitens von dem Verhältnis von Hauptschluß zu Nebenschluß abhängig. In Abb. 35 ist die Kennlinie eines Doppelschlußmotors dargestellt; es ist i_n der auf den Anker umgerechnete Nebenschlußstrom, E_n die durch diesen erzeugte EMK für eine gewisse, etwa normale Drehzahl; ferner ist E_0 die Gesamt-EMK, wenn ein Ankerstrom i_0 auftritt. Bezeichnet man den durch Gl. (2) und (2a) bestimmten, nur auf die Kennlinie bezüglichen Faktor mit φ_0, so ist entsprechend Gl. (3) für einen beliebigen Punkt in der Nähe von E_0:

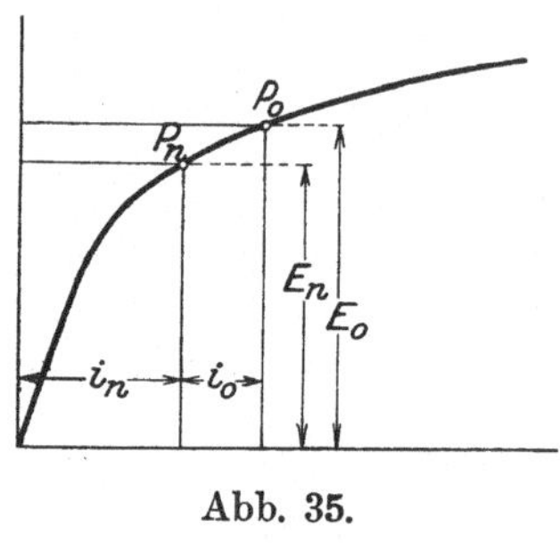

Abb. 35.

$$E = \varphi_0 E_0 + (1 - \varphi_0) E_0 \cdot \frac{i_n + i}{i_n + i_0}.$$

Es ist üblich, die Hauptschlußerregung in Prozent der Gesamterregung anzugeben; wir setzen daher:

$$i_0 = \varkappa (i_n + i_0) \tag{7}$$

und erhalten durch Entfernung von i_n aus der vorigen Gleichung:

$$\frac{E}{E_0} = 1 - \varkappa (1 - \varphi_0) + (1 - \varphi_0) \varkappa \frac{i}{i_0}. \tag{8}$$

Setzen wir hierin noch:

$$1 - \varkappa\,(1 - \varphi_0) = \varphi, \tag{9}$$

so erhalten wir eine ähnlich wie früher aufgebaute Gleichung:

$$E = \varphi\,E_0 + (1 - \varphi)\,E_0\,\frac{i}{i_0}, \tag{8a}$$

wobei nur zu beachten ist, daß φ sich nicht allein auf die Kennlinie bezieht.

§ 28. Die Berechnung der Widerstandsstufung. Aus Abb. 34 ist ohne weiteres ersichtlich, daß die EMKe beim Übergang von einer beliebigen Stufe auf die nächste ein stets gleiches Verhältnis bilden, denn es ist:

$$\frac{E'_{\nu-1}}{E_{\nu-1}} = \frac{C'\,C'_{\nu-1}}{C\,C_{\nu-1}} = \frac{B\,C'}{B\,C} = \frac{i_0 + J}{\dfrac{i_0}{s} + J}.$$

Nennt man dieses Verhältnis λ, so erhält man durch Einsetzen von J aus Gl. (6) oder auch, indem man das Verhältnis der EMKe mit Hilfe von Gl. (5) bildet:

$$\lambda = \frac{E'_{\nu-1}}{E_{\nu-1}} = \frac{E'_\nu}{E_\nu} = \frac{s}{1 + (s-1)\,\varphi}. \tag{10}$$

Nun folgen aus Gl. (5) für $i = i_0$ und $i = \dfrac{i_0}{s}$ die beiden Beziehungen:

$$\frac{E'_{\nu-1}}{U} = \frac{\omega_{\nu-1}}{\omega_s}\,; \qquad \frac{E_\nu}{U} = \frac{\omega_\nu}{\omega_s} \cdot \frac{1}{\lambda}.$$

Diese Werte in Gl. (1) eingesetzt ergeben:

$$i_0\,r_\nu \;\; = U - \frac{\omega_{\nu-1}}{\omega_s}\,U = \left(U - \frac{\omega_\nu}{\omega_s}\,\frac{1}{\lambda}\,U\right) s, \qquad \text{I.}$$

$$i_0\,r_{\nu-1} = \left(U - \frac{\omega_{\nu-1}}{\omega_s}\,\frac{1}{\lambda}\,U\right) s. \qquad \text{II.}$$

Bezeichnet nun ferner ϱ_ν den Widerstand der ν ten Stufe, so daß also ist:

$$\varrho_\nu = r_\nu - r_{\nu+1} \tag{11}$$

und beachtet man, daß im Stillstand die gesamte Klemmenspannung durch den Widerstand verbraucht wird, wobei auch wieder der Höchststrom i_0 hindurchfließt, so daß also

$$U = i_0 r_1 \tag{12}$$

wird, so finden sich aus den Gl. (I) und (II) die folgenden:

$$\frac{r_{\nu-1} - r_\nu}{r_1} = \frac{\varrho_{\nu-1}}{r_1} = \frac{s}{\lambda}\frac{\omega_\nu - \omega_{\nu-1}}{\omega_s} \qquad \text{III.}$$

$$\frac{\omega_{\nu-1}}{\omega_s} = \frac{s}{\lambda}\frac{\omega_\nu}{\omega_s} - s + 1. \qquad \text{IV.}$$

Setzt man in Gl. (IV) $\nu + 1$ für ν ein und zieht die alte von der neuen Gleichung ab, so erhält man

$$\frac{\omega_\nu - \omega_{\nu-1}}{\omega_{\nu+1} - \omega_\nu} = \frac{s}{\lambda}. \tag{13}$$

Bildet man in derselben Weise aus der ersten Gl. (III) eine neue und dividiert die beiden, so erhält man mit Beachtung von Gl. (13)

$$\frac{\varrho_{\nu-1}}{\varrho_\nu} = \frac{s}{\lambda}. \tag{14}$$

Die Widerstände der Stufen wachsen also nach einer geometrischen Reihe und ebenso auch die Unterschiede der Geschwindigkeiten auf den einzelnen Stufen. Jetzt handelt es sich darum, die Gesamtwiderstände auf den einzelnen Stufen kennenzulernen. Man erhält zunächst durch wiederholte Anwendung der Gl. (11) mit immer höherem Index:

$$r_\nu = r_{\nu+1} + \varrho_\nu = r_{\nu+2} + \varrho_{\nu+1} + \varrho_\nu = r_{\nu+3} + \varrho_{\nu+2} + \varrho_{\nu+1} + \varrho_\nu = \ldots$$

$$= r_{\nu+\varkappa} + \sum_{\mu=\nu}^{\nu+\varkappa-1} \varrho_\mu,$$

also für:

$$\varkappa = m - \nu \quad \text{wird} \quad r_\nu = r_m + \sum_{\mu=\nu}^{m-1} \varrho_\mu.$$

Nun folgt weiter auf ähnliche Weise durch wiederholte Anwendung von Gl. (14):

$$\varrho_\nu = \frac{s}{\lambda} \cdot \varrho_{\nu+1} = \left(\frac{s}{\lambda}\right)^2 \varrho_{\nu+2} = \left(\frac{s}{\lambda}\right)^3 \varrho_{\nu+3} = \ldots = \left(\frac{s}{\lambda}\right)^\varkappa \varrho_{\nu+\varkappa},$$

also für $\varkappa = m - 1 - \nu$ folgt $\varrho_\nu = \left(\dfrac{s}{\lambda}\right)^{m-1-\nu} \varrho_{m-1}$. Diese Gleichung bleibt natürlich auch richtig, wenn man μ statt ν setzt, und damit erhalten wir für den Widerstand

$$r_\nu = r_m + \varrho_{m-1} \sum_{\mu=\nu}^{m-1} \left(\frac{s}{\lambda}\right)^{m-1-\mu}.$$

wobei ϱ_{m-1} als unabhängig von der Summation vor das Summenzeichen gesetzt ist.

Die Summe auf der rechten Seite stellt eine geometrische Reihe dar und ergibt ausgerechnet den Wert*) $\dfrac{\left(\dfrac{s}{\lambda}\right)^{m-\nu} - 1}{\dfrac{s}{\lambda} - 1}$, so daß also schließlich wird:

$$r_\nu = r_m + \varrho_{m-1} \frac{\left(\dfrac{s}{\lambda}\right)^{m-\nu} - 1}{\dfrac{s}{\lambda} - 1}. \tag{15}$$

Jetzt handelt es sich noch um die Bestimmung der ersten Stufe, vom Motor aus gerechnet. Aus Gl. (1) folgt zunächst:

$$U = E'_{m-1} + i_0 r_m = \frac{\omega_{m-1}}{\omega_s} U + \frac{r_m}{r_1} U,$$

also

$$\frac{\omega_{m-1}}{\omega_s} = 1 - \frac{r_m}{r_1},$$

ferner aus Gl. (III) und (IV):

$$\frac{r_{m-1} - r_m}{r_1} = \frac{\varrho_{m-1}}{r_1} = s - 1 - \left(\frac{s}{\lambda} - 1\right) \frac{\omega_{m-1}}{\omega_s}$$

---

*) Wie man eine geometrische Reihe zu summieren hat, darf wohl als bekannt vorausgesetzt werden und die Ableitung dafür an dieser Stelle unterbleiben. Die allgemeinste Formel für die Summierung lautet:

$$\sum_{x_1}^{x_2} q^{a+bx} = q^{a+bx_1} \frac{q^{b(x_2-x_1+1)} - 1}{q^b - 1}.$$

und schließlich aus den beiden letzten Gleichungen:

$$\frac{\varrho_{m-1}}{r_1} = s - 1 - \left(\frac{s}{\lambda} - 1\right)\left(1 - \frac{r_m}{r_1}\right) = \frac{s}{\lambda}\left(\lambda - 1\right) + \left(\frac{s}{\lambda} - 1\right)\frac{r_m}{r_1}. \quad (16)$$

Setzt man diesen Wert in Gl. (15) ein, so ergibt sich nach kurzer Umformung:

$$r_\nu = r_1 \frac{\lambda - 1}{1 - \dfrac{\lambda}{s}} \left[\left(\frac{s}{\lambda}\right)^{m-\nu} - 1\right] + r_m \left(\frac{s}{\lambda}\right)^{m-\nu}.$$

Hieraus kann man für eine beliebige Stufe den im Ankerkreise liegenden Widerstand berechnen und mit $\nu = 1$ erhält man den Gesamtwiderstand. Es wird hierfür:

$$\frac{r_m}{r_1} = \frac{(s-1)\left(\dfrac{\lambda}{s}\right)^m - \lambda + 1}{1 - \dfrac{\lambda}{s}}. \quad (17\,a)$$

Setzen wir nun diesen Wert von r_m in den oben gefundenen Ausdruck für r_ν ein, so erhalten wir einen zu Gl. (17a) ganz analogen, nur daß r_ν statt r_m steht. Wenn wir dann noch Gl. (10) beachten, so wird der auf der ν ten Stufe eingeschaltete Widerstand:

$$\frac{r_\nu}{r_1} = \frac{(s-1)\left(\dfrac{\lambda}{s}\right)^\nu - \lambda + 1}{1 - \dfrac{\lambda}{s}} = \frac{1}{\varphi}\left[\left(\frac{\lambda}{s}\right)^{\nu-1} - 1 + \varphi\right]. \quad (17)$$

Von besonderem Interesse sind hier wieder die beiden oben erwähnten Sonderfälle:

1. $\varphi = 0$; $\lambda = s$. In Gl. (17) wird die rechte Seite unbestimmt; durch die übliche Methode, Differentiation von Zähler und Nenner nach λ, erhält man den Wert dieses Gliedes und der Widerstand wird hier:

$$r_\nu = r_1\left[s - (s-1)\,\nu\right]. \quad (17\,b)$$

Der Widerstand nimmt also bei ungesättigten Hauptschlußmotoren nach einer arithmetischen Reihe[15]) zu.

2. $\varphi = 1$; $\lambda = 1$. Hierfür ergibt sich ohne weiteres:

$$r_\nu = r_1\, s^{-\nu+1}, \quad (17\,c)$$

die altbekannte Regel, daß der Anlaßwiderstand von Nebenschlußmotoren nach einer geometrischen Reihe abzustufen ist.

Soll nun für einen gegebenen Motor der Anlaßwiderstand berechnet werden, so ist zunächst der Motorwiderstand r_m unmittelbar bekannt. Ferner kann man aus der Klemmenspannung U und dem höchstzulässigen Anlaßstrom i_0 nach Gl. (12)
den Gesamtwiderstand r_1 berechnen. Das Verhältnis s der beim
Anlassen auftretenden Stromsprünge ist zu wählen, der Sättigungsfaktor φ aus der Kennlinie des Motors für i_0 zu entnehmen. Daher ergibt sich die Größe λ aus Gl. (10), und wir
können nun aus Gl. (17a) die erforderliche Stufenzahl m des
Anlassers berechnen. Da diese natürlich eine ganze Zahl sein
muß, so ist nötigenfalls s und λ ein wenig zu ändern. Die Gl. (17a)
läßt sich jedoch noch etwas vereinfachen. Zu diesem Zwecke
wollen wir wieder, wie in § 23, Gl. (13), den Ankerwirkungsgrad
einführen. Ferner soll die auch schon benutzte Größe ε hier
das Verhältnis des kleinsten Anlaßstromes zum normalen Laststrom i_n bedeuten; es ist also:

$$\frac{i_0}{s} = \varepsilon\, i_n\,. \tag{18}$$

Nun gilt nach Gl. (1) die Formel:

$$U = E_n + i_n r_m$$

und mit Benutzung von (Gl. 12) und (18) und Einführung von η
erhalten wir nach kurzer Umformung:

$$\frac{r_m}{r_1} = \varepsilon\, s\, (1 - \eta)\,. \tag{19}$$

Die Gleichsetzung dieses Ausdrucks mit dem aus Gl. (17a) ergibt:

$$\left(\frac{\lambda}{s}\right)^m = \frac{\lambda - 1 + \varepsilon\,(s - \lambda)\,(1 - \eta)}{s - 1} \tag{20}$$

oder mit Beachtung von Gl. (10) auch:

$$\left(\frac{\lambda}{s}\right)^m = 1 - \lambda\,\varphi\,[1 - \varepsilon\,(1 - \eta)]\,. \tag{20a}$$

Für die beiden Grenzfälle folgt hier:

$$1.\quad \varphi = 0\,;\qquad \lambda = s\,;\qquad m = \frac{s}{s-1}[1 - \varepsilon\,(1 - \eta)] \tag{21a}$$

$$2.\quad \varphi = 1\,;\qquad \lambda = 1\,;\qquad s^{-m} = \varepsilon\,(1 - \eta)\,. \tag{21b}$$

§ 29. Der Anlauf und seine Zeitdauer. Nachdem wir so die elektrischen Vorgänge während des Anlassens geklärt haben, wollen wir jetzt die mechanischen verfolgen, um die für die Berechnung des Widerstandes sehr nötige Anlaßzeit zu bestimmen. Hierzu brauchen wir die mechanische Differentialgleichung des Motors, die wir schon in Gl. (7), § 23, kennengelernt haben. Um diese weiter benutzen zu können, müssen wir erst das Drehmoment kennenlernen. Der allgemeine Ausdruck dafür ist in Gl. (1), § 22, gegeben und mit Benutzung von Gl. (3) erhalten wir:

$$D = c\, i\, \Phi_0 \left[\varphi + (1 - \varphi)\, \frac{i}{i_0} \right]. \tag{22}$$

Das höchste Anlaßmoment tritt für $i = i_0$ auf und beträgt:

$$D_0 = c\, i_0\, \Phi_0\,; \tag{23}$$

durch Division dieser beiden Gleichungen folgt dann weiter:

$$\frac{D}{D_0} = \frac{i}{i_0} \left[\varphi + (1 - \varphi)\, \frac{i}{i_0} \right]. \tag{22a}$$

Das Lastmoment wollen wir hier auf das Höchstmoment D_0 beziehen und das Verhältnis entsprechend Gl. (10), in § 23, wieder mit α bezeichnen Im stationären Lauf nimmt der Motor einen Strom auf, der seinem Lastmoment entspricht; läuft der Motor mit Normallast an, so ist $i = i_n$ und $D = M$, und aus Gl. (18) und (22a) folgt dann:

$$\frac{M}{D_0} = \alpha = \frac{1}{\varepsilon\, s} \left[\varphi + \frac{1 - \varphi}{\varepsilon\, s} \right], \tag{24}$$

so daß also ε und α voneinander abhängig sind. Man kann natürlich diese Gleichung auch für eine beliebige andere als Normallast des Motors anwenden, wenn man beachtet, daß dann unter i_n in Gl. (18) der Dauerstrom bei einem Lastmoment M zu verstehen ist. Für den der Last M entsprechenden Dauerzustand sind auch die übrigen Größen, wie E_n, ω_n, η, A_n zu berechnen. Dann erhalten wir die Anlaßzeit für eine Stufe aus Gl. (7), § 7,

$$t_\nu - t_{\nu-1} = \frac{T_s}{\omega_s} \int_{\omega_{\nu-1}}^{\omega_\nu} \frac{\mathrm{d}\omega}{\dfrac{D}{D_0} - \alpha} = \frac{T_s}{\omega_s} \int_{\omega_{\nu-1}}^{\omega_\nu} \frac{\mathrm{d}\omega}{\dfrac{i}{i_0}\left[\varphi + (1-\varphi)\dfrac{i}{i_0}\right] - \alpha}, \tag{25}$$

wobei die Anlaufzeitkonstante

$$T_s = \frac{\Theta \omega_s}{D_0} = 2 \frac{A_s}{L_a} \tag{26}$$

sich auf das Höchstmoment D_0 und die Grenzgeschwindigkeit ω_s bezieht.

Um diese Gleichung integrieren zu können, muß zunächst eine Beziehung zwischen i und ω gegeben sein, und diese erhalten wir aus Gl. (1). Es wird mit Benutzung von Gl. (12) und (5):

$$\frac{i}{i_0} \cdot \frac{r_\nu}{r_1} = 1 - \frac{E}{U} = 1 - \frac{\omega}{\omega_s}\left[\varphi + (1 - \varphi)\frac{i}{i_0}\right]. \tag{27}$$

Die Größe α ist, wie schon in § 23 besprochen, im allgemeinen eine Funktion von ω und daher kann Gl. (25) integriert werden. Diese Integration erfolgt am besten graphisch, denn häufig ist α nur als eine durch Versuch aufgenommene Kurve gegeben, und selbst wenn man diese analytisch einfach ausdrücken kann, so wird die rechnerische Durchführung äußerst umständlich. Wie die zeichnerische Integration durchzuführen ist, soll später an einem einfachen Beispiele gezeigt werden. Hier sei nur noch erwähnt, daß für die zeichnerische Durchführung die Näherungsgleichung (3) oder (5), die wir oben benutzt haben, nicht notwendig ist; statt der Tangente an die Kennlinie können wir diese unmittelbar benutzen.

Hier wollen wir nur den einfachsten Fall untersuchen und α als konstant voraussetzen, wie schon im vorigen Abschnitt. Aus Gl. (27) erhalten wir:

$$\frac{\omega}{\omega_s} = \frac{1 - \dfrac{r_\nu}{r_1}\dfrac{i}{i_0}}{\varphi + (1 - \varphi)\dfrac{i}{i_0}}. \tag{27a}$$

und die Differentiation dieses Ausdrucks liefert:

$$\frac{1}{\omega_s}\, d\omega = -\frac{1}{i_0}\, di \cdot \frac{1 - \varphi + \varphi\dfrac{r_\nu}{r_1}}{\left(\varphi + (1 - \varphi)\dfrac{i}{i_0}\right)^2}.$$

Diesen Ausdruck müssen wir jetzt in Gl. (25) einsetzen, und

diese integrieren. Am Anfang der Stufe, wo $\omega = \omega_{\nu-1}$ ist, wird $i = i_0$, und am Ende ist $i = \dfrac{i_0}{s}$ entsprechend $\omega = \omega_\nu$. Eine Vertauschung der oberen und unteren Integrationsgrenze kehrt das Vorzeichen des Integrals um und daher erhalten wir schließlich aus Gl. (25):

$$t_\nu = t_{\nu-1} + T_s \cdot \left(1 - \varphi + \varphi \, \frac{r_\nu}{r_1}\right) \cdot \vartheta \,, \tag{28}$$

worin

$$\vartheta = \int\limits_{\frac{1}{s}}^{1} \frac{\mathrm{d}\dfrac{i}{i_0}}{\left[\varphi + (1-\varphi)\dfrac{i}{i_0}\right]^2 \left[\varphi\dfrac{i}{i_0} + (1-\varphi)\left(\dfrac{i}{i_0}\right)^2 - \alpha\right]} \,. \tag{28a}$$

Das Integral ϑ in Gl. (28a) ist ein reiner Zahlenwert, der nur die drei Konstanten s, φ und α enthält und von der Stufe unabhängig ist. Der Wert von ϑ ist auf eine der üblichen Methoden zu berechnen; wie diese Rechnung im einzelnen durchzuführen ist, kommt hier nicht in Betracht. Der Vollständigkeit halber möge jedoch noch die Lösung gegeben werden, und zwar lautet diese:

$$\vartheta = \frac{1}{2v - \varphi} \frac{1}{v^2}\left\{\left[\left(\frac{v}{v-\varphi}\right)^2 \ln \frac{1 + \lambda v - \lambda\varphi}{1 + v - \varphi} + \ln \frac{1-v}{1-\lambda v}\right] - \frac{\lambda - 1}{v^2 - \varphi v}\right\}, \tag{29}$$

worin der bequemeren Schreibweise wegen

$$v = \frac{\varphi}{2} + \sqrt{\frac{\varphi^2}{4} + \alpha(1-\varphi)} \tag{29a}$$

gesetzt ist.

Die wichtigsten Grenzfälle geben für ϑ die folgenden Werte:

1. Der ungesättigte Hauptschlußmotor: $\varphi = 0$; $\lambda = s$; $v = \sqrt{\alpha}$. Die Lösung kann man aus Gl. (29) ohne weiteres ablesen, doch läßt sie sich in diesem Falle bequem durch Hyperbelfunktionen darstellen, und zwar wird:

$$\vartheta = \alpha^{-\frac{3}{2}} \left[\mathfrak{Ar}\,\mathfrak{Tg}\, s\sqrt{\alpha} - \mathfrak{Ar}\,\mathfrak{Tg}\,\sqrt{\alpha}\right] - \frac{s-1}{\alpha} \tag{30}$$

a) Leeranlauf: $\alpha = 0$; die Gleichung wird hierfür unbestimmt; man erhält jedoch durch die bekannten Methoden oder auch durch direkte Berechnung der Gl (28a):

$$\vartheta = \tfrac{1}{3}\,(s^3 - 1) \tag{30a}$$

b) Vollastanlauf: $\alpha = \dfrac{1}{\varepsilon^2\,s^2}$. Hierfür ergibt sich:

$$\vartheta = \varepsilon^3\,s^3 \left[\mathfrak{Ar}\,\mathfrak{Tg}\,\frac{1}{\varepsilon} - \mathfrak{Ar}\,\mathfrak{Tg}\,\frac{1}{\varepsilon\,s}\right] - \varepsilon^2\,s^2\,(s - 1)\,. \tag{30b}$$

2. Der Nebenschlußmotor: $\varphi = 1$; $\lambda = 1$; $v = 1$. In diesem Falle wird Gl. (29) ebenfalls unbestimmt und es ist am einfachsten, die Integration von Gl. (28a) für diesen Fall besonders durchzuführen. Die Rechnung wird sehr einfach und ergibt:

$$\vartheta = \ln \frac{1 - \alpha}{\dfrac{1}{s} - \alpha}\,. \tag{31}$$

a) Leeranlauf: $\alpha = 0$:

$$\vartheta = \ln s\,; \tag{31a}$$

b) Vollastanlauf: $\alpha = \dfrac{1}{\varepsilon\,s}$:

$$\vartheta = \ln \frac{\varepsilon\,s - 1}{\varepsilon - 1}\,. \tag{31b}$$

Von Interesse ist noch der allgemeine Ausdruck für Leeranlauf. Es wird für $\alpha = 0$:

$$\vartheta = \frac{1}{\varphi^3}\ln\frac{1 - \varphi}{1 - \lambda\,\varphi} - \frac{\lambda - 1}{\varphi^2}\left[1 + \frac{\varphi}{2}\,(\lambda + 1)\right]. \tag{32}$$

Für die praktische Anwendung empfiehlt es sich, die Größe ϑ für bestimmte Verhältnisse (Wahl von φ und s) als Funktion von α aufzutragen. Es ist wohl zu beachten, daß die mitgeteilten Formeln (29) bis (32) durchweg nur für konstantes α gelten. Ändert sich α mit der Drehzahl des Motors (s. S. 53), so hat ϑ auf jeder Stufe einen anderen Wert. In diesem Falle ist es zweckmäßiger, das Integral (28a) zeichnerisch zu berechnen, wie im nächsten Abschnitt gezeigt wird.

Die Grundlage für die Berechnung der Anlaßzeit bildet die Gl. (28); geht man in ähnlicher Weise vor, wie wir es mit Gl. (11)

und (14) zur Berechnung von r_ν eingehend durchgeführt haben, so erhält man:

$$t_\nu = t_{\nu-\mu} + \mu\, T_s\, (1 - \varphi)\, \vartheta + T_s\, \varphi\, \vartheta \sum_{\varkappa=0}^{\mu-1} \frac{r_{\nu-\varkappa}}{r_1}.$$

Setzt man hierin $\mu = \nu$ und zählt die Zeit vom Beginn der ersten Stufe, macht also $t_0 = 0$, so wird:

$$\frac{t_\nu}{\vartheta\, T_s} = \nu\,(1 - \varphi) + \varphi \sum_{\varkappa=0}^{\nu-1} \frac{r_{\nu-\varkappa}}{r_1}$$

und mit Gl. (17) erhält man:

$$\frac{t_r}{\vartheta\, T_s} = \nu\,(1 - \varphi) + \sum_{\varkappa=0}^{\nu-1} \left[\left(\frac{\lambda}{s}\right)^{\nu-\varkappa-1} - 1 + \varphi \right] = \sum_{\varkappa=0}^{\nu-1} \left(\frac{\lambda}{s}\right)^{\nu-\varkappa-1}$$

Die Summierung der Reihe gibt schließlich:

$$\frac{t_\nu}{T_s} = \vartheta \cdot \frac{1 - \left(\dfrac{\lambda}{s}\right)^\nu}{1 - \dfrac{\lambda}{s}} \qquad (33)$$

und dies ist die Zeit vom Beginn des Anlassens bis zu dem Augenblick, in welchem auf der ν ten Stufe gerade der Strom $\dfrac{i_0}{s}$ erreicht ist, wo also gerade auf die nächste Stufe umgeschaltet werden soll. Auch können wir hieraus die gesamte Anlaßzeit erhalten, indem wir $\nu = m$ setzen. Setzt man für diesen Fall den sich aus Gl. (17a) ergebenden Wert von $\left(\dfrac{\lambda}{s}\right)^m$ ein, so erhält man

$$\frac{t_m}{T_s} = \vartheta\, \frac{s - \dfrac{r_m}{r_1}}{s - 1} \qquad (34)$$

Statt des Widerstandes r_m kann man auch den Wirkungsgrad η und die Größe ε einführen und erhält dann mit Benutzung von Gl. (19)

$$\frac{t_m}{T_s} = \vartheta\, \frac{s}{s - 1}\, [1 - \varepsilon\,(1 - \eta)]. \qquad (34\,\text{a})$$

Hiermit haben wir jetzt die Anlaßzeit eines beliebigen Gleichstrommotors in der einfachsten Form. Dabei sind die wichtig-

sten Kennzeichen des Motors, also vor allem die Art seiner
Schaltung (Nebenschluß, Hauptschluß oder Doppelschluß), die
Lage des Arbeitspunktes auf seiner Kennlinie, sowie seine Be-
lastung durch den konstanten Zahlenfaktor ϑ gegeben.

§ 30. Die Erwärmung des Widerstandes. Die in § 24 abgeleitete Gl. (19) gilt grundsätzlich auch hier, nur müssen wir
sie etwas umformen. Wie wir schon in § 25 gefunden haben,
ist die gesamte Anlaßzeit im allgemeinen eine kleine Größe
gegen die Wärmezeitkonstante des Widerstandsmaterials. Um
so mehr gilt dies für die einzelne Stufe; es ist daher berechtigt,
wenn wir mit konstanter Belastung der Stufe rechnen und hierfür
den zeitlichen Mittelwert benützen. Diesen Mittelwert müssen
wir dann durch das Überlastungsverhältnis p dividieren und
diesen Ausdruck über alle Stufen summieren. Der mittlere Verbrauch der ν ten Stufe beträgt:

$$w_\nu = \frac{r_\nu - r_{\nu+1}}{t_\nu - t_{\nu-1}} \cdot \int_{t_{\nu-1}}^{t_\nu} i^2 \, dt \, . \tag{35}$$

Mit Hilfe der mechanischen Differentialgleichung des Motors
[Gl. (7) in § 23 können wir hier unter dem Integral die
Zeit entfernen. Die damit eingeführte Geschwindigkeit und das
Drehmoment drücken wir unter Benutzung von Gl. (22a) und
(27a) durch den Strom aus und erhalten nach entsprechender
Umformung:

$$w_\nu = \frac{r_\nu - r_{\nu+1}}{t_\nu - t_{\nu-1}} \cdot i_0^2 \, T_s \cdot \left(1 - \varphi + \varphi \, \frac{r_\nu}{r_1}\right) \varkappa \, , \tag{35a}$$

worin

$$\varkappa = \int_{\frac{1}{s}}^{1} \frac{\left(\dfrac{i}{i_0}\right)^2 \mathrm{d}\dfrac{i}{i_0}}{\left[\varphi + (1 - \varphi) \dfrac{i}{i_0}\right]^2 \left[\varphi \dfrac{i}{i_0} + (1 - \varphi) \left(\dfrac{i}{i_0}\right)^2 - \alpha\right]} \tag{36}$$

zur Abkürzung gesetzt ist.

Das Integral $\varkappa$ ist ein ähnlicher Zahlenwert wie die Größe ϑ
und läßt sich nach den üblichen Methoden berechnen. Die Lösung

heißt für den Fall konstanter Last ($\alpha = \text{konst.}$):

$$\varkappa = \frac{1}{(1-\varphi)^2}\,\frac{1}{2\,v-\varphi}\left[\left(\frac{v-\varphi}{v}\right)^2\ln\frac{1-v}{1-\lambda v}+\right.$$

$$\left.+\left(\frac{v}{v-\varphi}\right)^2\ln\frac{1+\lambda v-\lambda\varphi}{1+v-\varphi}-\frac{\varphi^2\,(\lambda-1)\,(2\,v-\varphi)}{v^2-v\,\varphi}\right]\qquad(36\,\text{a})$$

wobei v wieder die durch Gl. (29 a) gegebene Bedeutung hat. Die früher erwähnten Sonderfälle ergeben für $\varkappa$ die folgenden Werte:

1. Der ungesättigte Hauptschlußmotor: $\varphi = 0$; $\lambda = s$; $v = \sqrt{\alpha}$:

$$\varkappa = \frac{1}{\sqrt{\alpha}}\left[\mathfrak{Ar}\,\mathfrak{Tg}\,s\,\sqrt{\alpha}-\mathfrak{Ar}\,\mathfrak{Tg}\,\sqrt{\alpha}\right] = \alpha\,\vartheta + s - 1;\qquad(37)$$

a) Leeranlauf: $\alpha = 0$:

$$\varkappa = s - 1;\qquad(37\,\text{a})$$

b) Vollastanlauf: $\alpha = \dfrac{1}{\varepsilon^2\,s^2}$:

$$\varkappa = \varepsilon\,s\left[\mathfrak{Ar}\,\mathfrak{Tg}\,\frac{1}{\varepsilon}-\mathfrak{Ar}\,\mathfrak{Tg}\,\frac{1}{\varepsilon\,s}\right].\qquad(37\,\text{b})$$

2. Der Nebenschlußmotor: $\varphi = 1$; $\lambda = 1$; $v = 1$:

$$\varkappa = \alpha^2\ln\frac{1-\alpha}{\dfrac{1}{s}-\alpha}+\frac{s^2-1}{2\,s^2}+\alpha\,\frac{s-1}{s};\qquad(38)$$

a) Leeranlauf: $\alpha = 0$:

$$\varkappa = \frac{s^2-1}{2\,s^2};\qquad(38\,\text{a})$$

b) Vollastanlauf: $\alpha = \dfrac{1}{\varepsilon\,s}$:

$$\varkappa = \frac{1}{\varepsilon^2\,s^2}\ln\frac{\varepsilon\,s-1}{\varepsilon-1}+\frac{s-1}{2\,\varepsilon\,s^2}\,[2+\varepsilon\,s+\varepsilon].\qquad(38\,\text{b})$$

Als allgemeinen Ausdruck für vollkommenen Leeranlauf ($\alpha = 0$ erhält man ferner

$$\varkappa_0 = \frac{s-1}{2}\,\frac{\lambda}{s}\left(1+\frac{\lambda}{s}\right).\qquad(39)$$

Der Ausdruck für $\varkappa$ wird für einige dieser Grenzfälle unbestimmt; man erhält dann am einfachsten den Wert von $\varkappa$, indem man Gl. (36) für diesen Sonderfall entwickelt. Auch hier empfiehlt es sich, die Größe $\varkappa$ für den praktischen Gebrauch als Funktion von α in Kurven aufzutragen.

Unter Benutzung von Gl. (11) und (28) können wir den Ausdruck für den mittleren Verbrauch der ν ten Stufe auch schreiben:

$$w_\nu = i_0^2\, r_1 \cdot \frac{\varrho_\nu}{r_1} \cdot \frac{\varkappa}{\vartheta} \, . \tag{35 b}$$

Es ist bemerkenswert, daß bei konstanter Last der mittlere Verbrauch einer Stufe nicht von dem Zeitpunkt des Schaltens abhängig ist; dieser Verbrauch ist also auf der ν ten Stufe genau derselbe, ob der Schalthebel auf der 1., 2., 3. ..., $(\nu - 2)$ ten, $(\nu - 1)$ ten oder ν ten Stufe steht. Der Wert w_ν ist demnach auch der Mittelwert des Verbrauches für die ganze Zeit t_ν, während welcher die ν te Stufe eingeschaltet bleibt. Der dauernd auf- und absteigende Strom ruft in schwächerem Maße auch eine Schwankung der Widerstandstemperatur hervor. Selbst bei den kleinsten praktisch vorkommenden Zeitkonstanten von Widerstandselementen sind jedoch diese Schwankungen derart klein, daß man sie ohne weiteres vernachlässigen und mit der mittleren Erwärmung rechnen kann. Wir wollen daher im folgenden mit dem eben bestimmten Mittelwert w_ν so rechnen, als ob der Verbrauch während der Zeit t_ν konstant gleich w_ν ist.

Um nun den dieselbe Erwärmung hervorrufenden Dauerverbrauch zu erhalten, müssen wir w_ν durch das Überlastungsverhältnis p dividieren. Der gleichwertige Dauerverbrauch beträgt daher:

$$W_\nu = \frac{w_\nu}{p} = \psi \left(1 - e^{-\frac{t_\nu}{T_w}}\right) \cdot i_0^2\, r_1 \cdot \frac{\varkappa}{\vartheta} \cdot \frac{\varrho_\nu}{r_1} \, . \tag{40}$$

Diesen Wert berechnen wir für jede Stufe und bestimmen danach ihre Materialmenge. Auf diese Weise können wir den gesamten Anlaßwiderstand berechnen. Jetzt handelt es sich aber ferner darum, die erforderliche Materialmenge auch berechnen zu können, ohne daß der Widerstand im einzelnen durchgerechnet wird. Zu diesem Zwecke wollen wir zunächst wieder die kinetische Energie einführen. Es ist

$$i_0^2\, r_1 = U\, i_0 = c\, i_0\, \Phi_0\, \omega_s = D_0\, \omega_s = \frac{\Theta\, \omega_s^2}{T_s} = 2\, \frac{A_s}{T_s} \, . \tag{41}$$

Damit wird also, wenn wir gleichzeitig $\varrho_\nu = r_\nu - r_{\nu+1}$ mit Hilfe von Gl. (17) durch λ und s ausdrücken:

$$W_\nu = \psi \left(1 - e^{-\frac{t_\nu}{T_w}}\right) 2 \frac{A_s}{T_s} \frac{\varkappa}{\vartheta} \cdot (s - 1) \left(\frac{\lambda}{s}\right)^\nu. \qquad (40\,\text{a})$$

Wie schon erwähnt, sind die hier in Betracht kommenden Zeiten so klein gegenüber den praktisch vorkommenden Wärmezeitkonstanten, daß es genügt, statt $\left(1 - e^{-\frac{t_\nu}{T_w}}\right)$ einfach den Wert $\frac{t_\nu}{T_w}$ zu schreiben, und da $W_\nu \cdot T_w = K_\nu$ die Wärmekapazität der νten Stufe ist, so wird:

$$K_\nu = \psi\, 2 \frac{A_s}{T_s} \frac{\varkappa}{\vartheta} (s - 1) \left(\frac{\lambda}{s}\right)^\nu t_\nu.$$

Mit Benutzung von Gl. (33) wird dies schließlich:

$$K_\nu = 2\,\psi\, A_s\, \varkappa \frac{s-1}{1 - \dfrac{\lambda}{s}} \left(\frac{\lambda}{s}\right)^\nu \left[1 - \left(\frac{\lambda}{s}\right)^\nu\right]. \qquad (42)$$

Von Interesse ist aber für uns jetzt nicht die Kapazität jeder einzelnen Stufe, sondern die des gesamten Widerstandes, und diese erhalten wir durch Summierung über alle Stufen. Es wird also die Gesamtkapazität:

$$K = 2\,\psi\, \varkappa\, A_s \frac{s-1}{1 - \dfrac{\lambda}{s}} \sum_{\nu=1}^{m-1} \left[\left(\frac{\lambda}{s}\right)^\nu - \left(\frac{\lambda}{s}\right)^{2\nu}\right].$$

Nach der Formel auf S. 77 ergibt die Ausführung der Summation:

$$K = 2\,\psi\,\varkappa\, A_s \frac{s-1}{1 - \dfrac{\lambda}{s}} \frac{\lambda}{s} \frac{\left[1 - \left(\frac{\lambda}{s}\right)^m\right]\left[1 - \left(\frac{\lambda}{s}\right)^{m-1}\right]}{1 - \left(\frac{\lambda}{s}\right)^2}. \qquad (43)$$

Mit Hilfe von Gl. (17a) können wir diesen Ausdruck noch etwas vereinfachen und erhalten:

$$K = 2\,\psi\varkappa A_s \frac{s - \dfrac{r_m}{r_1}}{s - 1} \cdot \frac{1 - \dfrac{r_m}{r_1}}{1 + \dfrac{\lambda}{s}}. \qquad (43\,\text{a})$$

Durch Einführung des Wertes $\varkappa_0$ aus Gl. (39) kann man den Ausdruck für die Kapazität auch schreiben:

$$K = \psi\, A_s\, \frac{\varkappa}{\varkappa_0}\, \frac{\lambda}{s}\left[s - \frac{r_m}{r_1}\right]\left[1 - \frac{r_m}{r_1}\right]. \qquad (43\,\mathrm{b})$$

Mit Hilfe von Gl. (19) kann man statt des Widerstandes r_m auch η und ε einführen und erhält dann

$$K = \psi\, A_s\, \frac{\varkappa}{\varkappa_0}\, \lambda\,[1 - \varepsilon\,(1 - \eta)]\,[1 - \varepsilon\, s\,(1 - \eta)]. \qquad (43\,\mathrm{c})$$

Als besonders bemerkenswerter Sonderfall ist der des Leeranlaufs bei Vernachlässigung des Motorwiderstandes zu erwähnen; dabei soll genügend Zeit zur vollen Abkühlung zur Verfügung sein. Es ist dann also $\alpha = 0$, $\varkappa = \varkappa_0$, $\eta = 1$, $r_m = 0$, $\psi = 1$ zu setzen und es wird:

$$K_0 = \lambda \cdot A_s. \qquad (43\,\mathrm{d})$$

Für den Nebenschlußmotor ist $\lambda = 1$, und dann ist die Anlassergröße gleich der kinetischen Energie der umlaufenden Massen.

§ 31. Anlauf bei veränderlicher Last. Bisher hatten wir uns auf den Anlauf bei konstanter Last beschränkt, um die Rechnung nicht zu umständlich zu machen. Nun ist im allgemeinen die Last durchaus nicht konstant, sie sei durch irgendeine Kurve als Funktion der Geschwindigkeit zeichnerisch gegeben. Dann muß die Rechnung auch zeichnerisch durchgeführt werden, und dies wollen wir jetzt mit einem Nebenschlußmotor tun, da bei diesem manche Vereinfachung der Rechnung eintritt und dadurch wieder neue Eigenschaften zutage kommen. Dieser Motor hat konstanten Fluß, und wie schon erwähnt wurde, ist der Sättigungsfaktor $\varphi = 1$. Damit rückt in Abb. 34 der Pol B auf der Ordinatenachse ins Unendliche, die zugehörigen Strahlen werden alle parallel zur Ordinatenachse. Ferner wird nach Gl. (5) für $\varphi = 1$ die EMK proportional der Geschwindigkeit und vom Strome unabhängig. Daher können wir als Abszisse auch die Geschwindigkeit auftragen, wie dies in Abb. 36 geschehen ist. Schließlich ergibt sich aus Gl. (22a), daß für $\varphi = 1$ das Drehmoment proportional dem Strom wird, und man kann somit das vom Motor ausgeübte Drehmoment durch den Strom i darstellen. Die Abb. 36 gibt daher auch gleichzeitig den Verlauf des Motordrehmoments. Folgerichtig kann man dann auch das vom Motor verlangte Lastmoment durch einen Strom darstellen, und zwar geschieht dies zweckmäßig durch den Strom, den der Motor bei der jeweiligen Geschwindigkeit und der dann vorhandenen Last im stationären Zustande aufnehmen würde. Dieser Strom werde durch $\alpha\, i_0$ bezeichnet, wobei α wegen der Proportionalität von Drehmoment und Strom mit dem bisher so bezeichneten Verhältnis des Lastmoments für eine bestimmte Geschwindigkeit zum höchsten Motormoment (am Anfang jeder Stufe) übereinstimmt. Diese Größe α, die im allgemeinen eine Funktion der Geschwindigkeit ist, ist in Abb. 36 ebenfalls eingetragen, und zwar sind mehrere Beispiele gewählt worden.

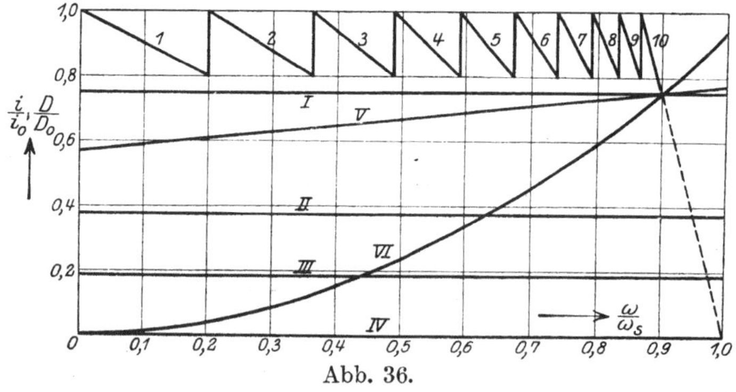

Abb. 36.

Kurve I bedeutet ein konstantes Lastmoment, das der Normallast oder Vollast des Motors entspricht. Dies Moment ist zu $\frac{3}{4} D_0$ gewählt ($\alpha = \frac{3}{4}$), oder mit anderen Worten, es ist angenommen, daß der Anlaßstrom $\frac{4}{3}$ des normalen Stromes beträgt. Kurve II entspricht Halblast, $\alpha = \frac{3}{8}$ und Kurve III stellt Viertellast dar. Kurve IV wird durch die Abszissenachse dargestellt und bedeutet vollkommenen Leeranlauf. In Kurve V ist ein linearer Anstieg des Lastmoments angenommen; ein streng linearer Anstieg kommt zwar in der Praxis kaum vor, doch wird man den wirklichen Verlauf häufig durch eine solche Kurve annähern können. Schließlich stellt Kurve VI reine Ventilatorbelastung dar, d. h. die Last ist proportional dem Quadrate der Geschwindigkeit, bei Abwesenheit aller Reibung.

Messen wir nun die Ordinaten im Drehmomentmaßstabe, so gibt die obere, die Zickzackkurve, das vom Motor erzeugte Drehmoment und die untere Kurve das von der Last (Arbeitsmaschine) geforderte Drehmoment, und daher erhalten wir in den Abschnitten der Ordinaten, die zwischen beiden Kurven liegen, den Teil des Drehmoments, der zur Beschleunigung der umlaufenden Massen dient. Das höchste Motormoment haben wir mit D_0 bezeichnet, es tritt bei Beginn jeder Stufe auf und entspricht dem Strome i_0; dann beträgt das Beschleunigungsmoment $\left(\dfrac{i}{i_0} D_0 - \alpha D_0\right)$ und daher lautet die Differentialgleichung:

$$\Theta \frac{\mathrm{d}\,\omega}{\mathrm{d}\,t} = \left(\frac{i}{i_0} - \alpha\right) D_0 . \tag{44}$$

Mit Einführung der Zeitkonstanten $T_s = \dfrac{\Theta\,\omega_s}{D_0}$ kann man dies auch schreiben:

$$t = T_s \int \frac{\mathrm{d}\,\dfrac{\omega}{\omega_s}}{\dfrac{i}{i_0} - \alpha} = y \cdot T_s . \tag{44 a}$$

Diese Größe y ist ein reiner Zahlenwert, der sofort mit Hilfe von Gl. (28a) mit $\varphi = 1$ berechnet werden kann, sobald $\alpha = f(\omega)$ bekannt ist, d. h. die Abhängigkeit des Lastmoments von der Geschwindigkeit, etwa entsprechend einer der Gl. (11) in § 23. In Abb. 37 ist diese Integration auf zeichnerischem Wege durchgeführt, wie dies schon im vorigen Abschnitte geschehen ist. Zu diesem Zwecke wurde zunächst der reziproke Wert der zwischen den beiden Kurven in Abb. 36 liegenden Ordinatenabschnitte, also der Wert $\dfrac{1}{\dfrac{i}{i_0} - \alpha}$ in Abb. 37 über derselben Abszisse aufgetragen. Dann stellen die Flächen zwischen den neuen Kurven und der Abszissenachse das Integral in Gl. (44a) dar. Diese Fläche, gerechnet von der Ordinatenachse bis zur Abszisse $\dfrac{\omega}{\omega_s}$, ist nun in Abb. 38 als Abszisse zu der Ordinate $\dfrac{\omega}{\omega_s}$ eingetragen und diese Rechnung wurde für die Kurven I, II, IV und VI der Abb. 36 durchgeführt. In der Abb. 38 fällt sofort der Umstand auf, daß die einzelnen Stufen kaum mehr erkennbar sind. Nur bei Kurve I, die für Vollastanlauf gilt, ist eine wesentliche Abweichung der Kurve von der durch die Endpunkte gelegten Sehne vorhanden. Ferner zeigen die Kurven für Anlauf bei konstanter Last, daß die Endpunkte aller Stufen offenbar auf einer und derselben Geraden liegen. Wir wollen daher analytisch die Anlaßzeit berechnen und feststellen, ob diese Beobachtung den Tatsachen entspricht. Aus Gl. (27) folgt in Ver-

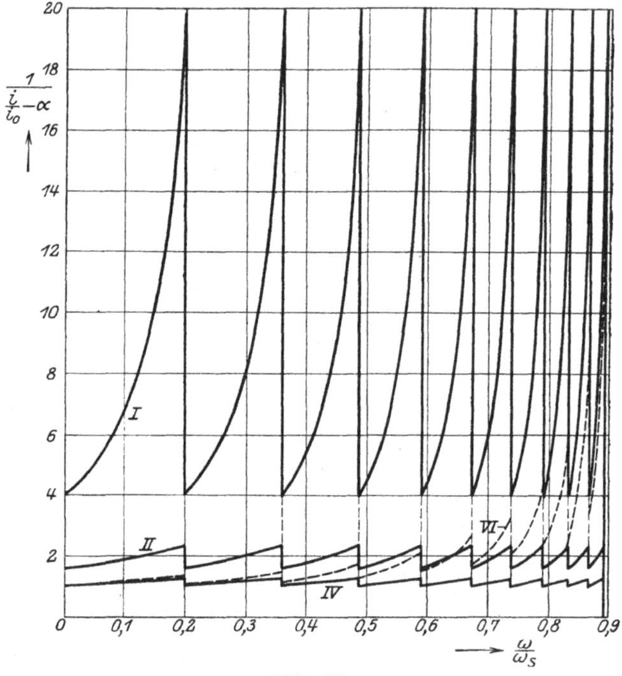

Abb. 37.

bindung mit Gl. (17) für $i = \dfrac{i_0}{s}$; $\omega = \omega_\nu$

$$\frac{r_\nu}{r_1} = \frac{1}{\varphi}\left(\frac{\lambda}{s}\right)^{\nu-1} - \frac{1-\varphi}{\varphi} = s - s\,\frac{\omega_\nu}{\omega_s}\left[\varphi + \frac{1-\varphi}{s}\right].$$

Nach Multiplikation mit $\dfrac{\lambda}{s}$ und Benutzung von Gl. (10) folgt hieraus:

$$\left(\frac{\lambda}{s}\right)^\nu = \frac{\lambda}{s}(1-\varphi) + \lambda\varphi - \varphi\frac{\omega_\nu}{\omega_s} = 1 - \varphi\frac{\omega_\nu}{\omega_s}. \tag{45}$$

und dieser Wert in Gl. (33) eingesetzt, gibt:

$$t_v = T_s \vartheta \frac{\varphi}{1 - \dfrac{\lambda}{s}} \frac{\omega_v}{\omega_s} = T_s \vartheta \frac{\dfrac{s}{\lambda}}{s - 1} \cdot \frac{\omega_v}{\omega_s}. \qquad (46)$$

Diese Gleichung bestätigt die Richtigkeit der Beobachtung, daß

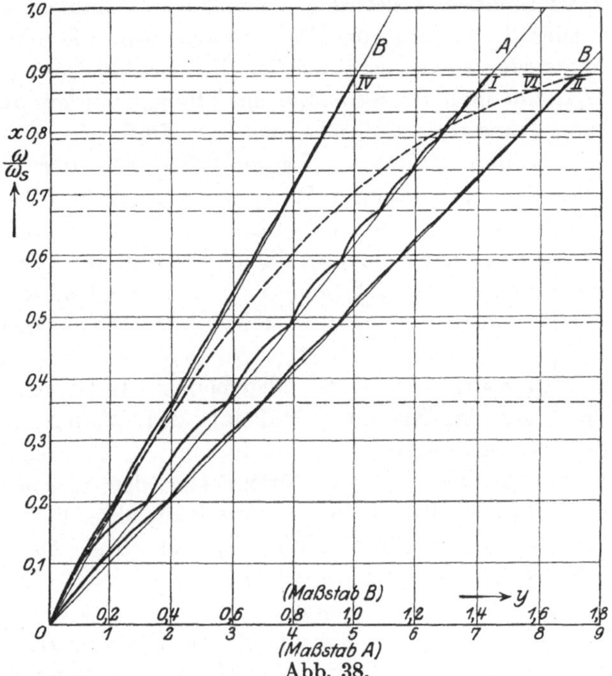

Abb. 38.

die Endpunkte der Kurve auf den einzelnen Stufen auf derselben
Geraden liegen müssen.

VI. Grobstufiges Anlassen bei Drehstrommotoren.

§ 32. Der Heylandkreis. Um nun dieselben Rechnungen für
den Induktionsmotor durchzuführen, wollen wir das unter dem
Namen „Heylandkreis" bekannte Diagramm benutzen*). Als
senkrechte Achse wählt man dabei die Richtung der Klemmen-

---

*) Die Theorie des Drehstrommotors an Hand des Heylandkreises,
soweit wir sie hier brauchen, wurde in sehr einfacher und klarer Weise
von Görges[8]) und Kloss[18]) gegeben.

spannung des Ständers, wobei sein Ohmscher Widerstand vernachlässigt ist. Diese Vereinfachung ist durchaus zulässig, denn bei großen Motoren ist der Gleichstromwiderstand des Ständers sehr gering, und bei kleinen Motoren, wo der Widerstand verhältnismäßig mehr ausmacht, ist eine so genaue Rechnung kaum notwendig.

Die wichtigsten elektrischen Größen des Läufers sind zunächst seine Transformator-EMK im Leerlauf, die mit U_0 bezeichnet werde, sowie sein ideeller Kurzschlußstrom J_K. Die EMK U_0 kann man im Stillstand des offenen Läufers an seinen Schleifringen messen; sie ist aus dem Fluß, der durch den Luftspalt in den stromlosen Läufer tritt, und der Frequenz des Drehfeldes in bekannter Weise zu berechnen. Der ideelle Kurzschlußstrom J_K ist derjenige Strom, der im Läufer bei unendlich großer Geschwindigkeit auftreten würde, oder auch der Strom bei einer beliebigen Geschwindigkeit (außer der synchronen), wenn der Läufer keinen Ohmschen Widerstand besitzt.

Im Gegensatz zu dem allgemeinen Gebrauch wollen wir den Kreis im Spannungsmaßstab des Läufers zeichnen, da dies, wie wir sehen werden, für unsere Zwecke manche Vereinfachungen bietet. Als Durchmesser des Kreises, dessen Mittelpunkt wie bekannt in der Abszissenachse liegt, wählen wir deshalb die Leerlauf-EMK U_0; in Abb. 39 ist ein solcher Kreis mit $AB = U_0$ gezeichnet. Wir greifen nun einen beliebigen Arbeitspunkt C heraus und zeichnen das rechtwinklige Dreieck ABC. Dann gibt uns die rechte Kathete $BC = U$ die Transformator-EMK des Läufers für diesen Arbeitspunkt, die in bekannter Weise aus dem Läuferfluß bei Last und der Frequenz des Drehfeldes zu berechnen ist. Diese Größe U würde also der Klemmenspannung bei Gleichstrommotoren entsprechen, wobei nur zu beachten ist, daß sie sich im Gegensatz zu dieser mit der Belastung ändert. Wir wollen sie daher in Zukunft der Kürze halber einfach Spannung nennen. Um auch weiter mit den für Gleichstrommotoren eingeführten und im Abschnitt IV für Drehstrommotoren mitbenutzten Bezeichnungen im Einklang zu bleiben, bezeichnen wir mit EMK des Läufers die aus dem Läuferfluß im Betrieb und der Geschwindigkeit des Läufers zu berechnende Spannungsgröße. Nennen wir sie E, die Winkelgeschwindigkeit des Drehfeldes ω_s und die des Läufers ω, so wird also:

$$E = \frac{\omega}{\omega_s} \cdot U . \tag{1}$$

Diese Größe tragen wir uns auf BC von B aus ab und erhalten damit den Punkt S. Da nun das Ohmsche Gesetz auch für den Drehstrommotor gilt, so haben wir die Gleichung:

$$U = E + i \cdot r , \tag{2}$$

worin i den Läuferstrom und r den Läuferwiderstand bezeichnet. Es sei an dieser Stelle erwähnt, daß alle Spannungs- und Strom-

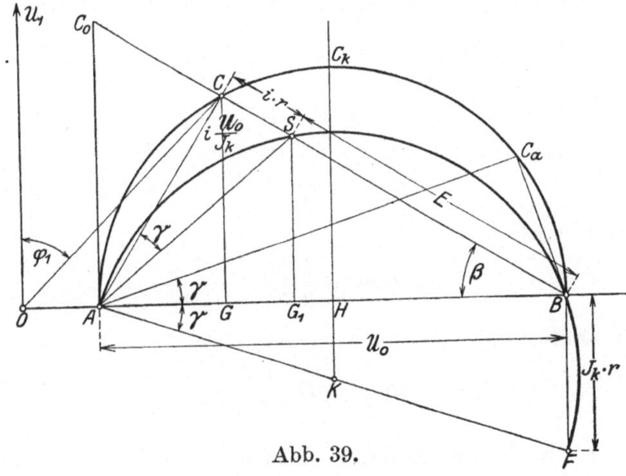

Abb. 39.

größen Effektivwerte sein mögen und daß die ganze Rechnung sich auf eine Phase bezieht. Aus der letzten Gleichung folgt nun ohne weiteres, daß das übrigbleibende Stück SC der rechten Kathete den Ohmschen Spannungsverlust $i \cdot r$ im Läufer darstellen muß.

Das Verhältnis der Schlupfgeschwindigkeit (d. i. der Verlust an Geschwindigkeit, den der Läufer gegen das Drehfeld erleidet) zur Geschwindigkeit des Drehfeldes oder den verhältnismäßigen Schlupf bezeichnet man nun gewöhnlich mit σ, so daß also mit unseren Bezeichnungen

$$\sigma = \frac{\omega_s - \omega}{\omega_s} \tag{3}$$

ist. Aus den letzten drei Gleichungen folgt dann weiter:

$$i\,r = \sigma \cdot U . \tag{2a}$$

Die linke Kathete AC dagegen ist dem Läuferstrom proportional, sie ist gleich $\dfrac{i}{J_K} \cdot U_0$, wenn i der Läuferstrom ist. Der Vollständigkeit halber sei noch erwähnt, daß die Strecke OA gleich dem auf den Läufer umgerechneten Leerlaufstrom ist, multipliziert mit dem Faktor $\dfrac{U_0}{J_K}$ und entsprechend stellt OC den auf den Läufer umgerechneten Ständerstrom bei Last dar, mit eben demselben Faktor.

Die Senkrechte vom Arbeitspunkt C auf den Durchmesser ist proportional dem Drehmoment des Motors, denn es ist:

$$\overline{CG} = i \cdot \frac{U_0}{J_K} \cdot \cos\beta = i \cdot \frac{U_0}{J_K} \cdot \frac{U}{U_0} = \frac{i \cdot U}{J_K} \, .$$

Nun ist das Drehmoment des Motors nach Gl. (3a), in § 22 mit Benutzung von Gl. (1) durch den Ausdruck gegeben:

$$D\,\omega_s = 3\,U \cdot i\,, \tag{4}$$

und daher wird:

$$\overline{CG} = \frac{D\,\omega_s}{3\,J_K}\, .$$

Ähnlich folgt:

$$\overline{SG_1} = E \sin\beta = E \cdot \frac{\overline{CG}}{CB} = E\,\frac{i}{J_K}\, .$$

Nun ist aber die mechanische Leistung des Läufers, also die Nutzleistung, vermehrt um die Reibungsverluste, durch die Gleichung:

$$L = 3\,E\,i = (1 - \sigma)\,D\omega_s \tag{5}$$

gegeben und daher wird $S\,G_1 = \dfrac{L}{3\,J_K}$. Diese Strecke ist also der mechanischen Leistung des Motors proportional.

Die größte Leistung tritt auf, wenn der Punkt S in die Mittelsenkrechte fällt, wie Abb. 39 ohne weiteres erkennen läßt. Dieser Punkt ist für uns von keiner großen Bedeutung; sehr wichtig dagegen ist der Schnittpunkt der Mittelsenkrechten mit dem Heylandkreis, also der Punkt C_k. Hier erhalten wir das größte Drehmoment des Motors, sein Kippmoment. Für diesen Punkt werden die beiden Katheten des rechtwinkligen Dreiecks einander gleich, und wenn die auf diesen Punkt bezüglichen Größen den Index k erhalten, so wird:

$$i_k \cdot \frac{U_0}{J_K} = U_k = \frac{1}{\sqrt{2}} \cdot U_0 \,. \tag{6}$$

Unter Berücksichtigung dieser Beziehungen folgt aus Gl. (4) für das Höchstmoment:

$$D_k = 3 \, \frac{J_K U_0}{2 \, \omega_s} \tag{7}$$

und aus Gl. (2a) für den zugehörigen Schlupf:

$$\sigma_k = \frac{i_k \, r}{U_k} = \frac{J_K r}{U_0} \,. \tag{8}$$

Aus Gl. (2a) und (8) folgt nun zunächst durch Division:

$$\frac{i}{J_K} = \frac{\sigma}{\sigma_k} \cdot \frac{U}{U_0} \,, \tag{9}$$

oder mit Einführung des Winkels β wird:

$$\frac{\sigma}{\sigma_k} = \operatorname{tg} \beta \,; \tag{9a}$$

die Gl. (9) kann man auch wie folgt schreiben:

$$\sigma_k = \frac{\sigma U}{i \dfrac{U_0}{J_K}} = \frac{CS}{AC} = \operatorname{tg} \gamma \,. \tag{9b}$$

Der Winkel CAS ist also unabhängig von der Belastung und ändert sich nur mit dem Kippschlupf σ_k, also bei gegebenem Motor (U_0 und J_K) nur mit dem Widerstand r des Läuferkreises. Da nun $\sphericalangle \gamma$ konstant bleibt und $\sphericalangle ACB$ stets ein rechter ist, so bleibt das $\triangle ACB$ für alle Lastpunkte stets sich ähnlich, alle Seiten wachsen im gleichen Verhältnis. Hieraus ist ersichtlich, daß auch $\sphericalangle ASB$ stets gleichbleiben muß, wo auch S liegen mag, und daher muß S bei Änderung der Last auf einem Kreise, dem Schlupfkreise, wandern. Dreht man den $\sphericalangle \gamma$ so weit, daß der eine Schenkel in die Achse, also S mit B zusammenfällt, so ist jetzt $i \cdot r = U$, also muß nach Gl. (2a) $\sigma = 1$ sein; der Motor steht still, und der andere Schenkel des $\sphericalangle \gamma$ trifft den Heyland-kreis im Anlaufpunkt C_a. Dreht man den $\sphericalangle \gamma$ noch weiter, bis der zweite Schenkel in die Achse, also C mit B zusammenfällt, so ist damit der ideelle Kurzschlußpunkt erreicht. Dies entspricht einem Schlupf $\sigma = \infty$, da ja $\sigma = \dfrac{CS}{CB}$ und $CB = 0$ ist. Der Punkt S fällt jetzt in einen Punkt der Senkrechten durch B, den wir F nennen wollen. Verbinden wir diesen Punkt F mit A, so trifft dieser Strahl die Mittelsenkrechte in dem Mittelpunkte K des Schlupfkreises. Da nun $\sphericalangle BAF = \gamma$ und $AB = U_0$ ist, so wird

$$BF = AB \cdot \operatorname{tg} \gamma = U_0 \cdot \sigma_k = J_K \cdot r \,.$$

Die Strecke BF ist also bei gegebenem Motor (J_K gegeben) proportional dem Läuferwiderstand und kann daher als Maß für diesen benutzt werden.

Verlängert man ferner die Kathete BC über C hinaus, bis sie die im Punkte A errichtete Senkrechte schneidet, etwa im Punkte C_0, so ergibt sich

$$AC_0 = AB \cdot \operatorname{tg} \beta \,.$$

Da nun die Hypotenuse $AB = U_0$ ist, so erhalten wir mit Gl. (9a) und (8) die Beziehungen

$$AC_0 = \frac{\sigma}{\sigma_k} \cdot U_0 = \sigma \cdot \frac{U_0^2}{J_K \cdot r} \,.$$

Diese Strecke AC_0 ist somit proportional dem Schlupf, und man kann daher aus AC_0 für jeden beliebigen Betriebszustand den Schlupf abgreifen. Es ist nur zu beachten, daß der Maßstab sich mit dem Widerstand des Läuferkreises ändert.

§ 33. **Die Berechnung der Widerstandsstufung.** Mit Hilfe des so gewonnenen Diagramms wollen wir den Anlaßvorgang verfolgen. Gegeben seien wieder der größte Anlaßstrom i_0 und der kleinste $\dfrac{i_0}{s}$; diese beiden Werte tragen wir im Spannungsmaßstab in den Heylandkreis (Abb. 40) ein und erhalten die Punkte $D\left(AD = i_0\,\dfrac{U_0}{J_K}\right)$ und $C\left(AC = \dfrac{i_0}{s}\,\dfrac{U_0}{J_K}\right)$, die wir mit B verbinden. Auf diesen Geraden muß für einen beliebigen Widerstand der vorhin mit S bezeichnete Punkt liegen, und zwar auf der Geraden DB, wenn der Strom i_0 auftritt, und auf der Geraden CB, wenn der Läufer den Strom $\dfrac{i_0}{s}$ führt. Für den Stillstand setzen wir wieder wie früher den Widerstand des Läuferkreises so groß voraus, daß der höchste Anlaßstrom i_0 auftritt.

Dann muß die Gerade DB Tangente an den Schlupfkreis sein, der diesem Widerstand entspricht. Wir errichten also eine Senkrechte auf BD im Punkt B und verlängern sie bis zum Schnittpunkt K_1 mit der Mittelsenkrechten, so haben wir damit den

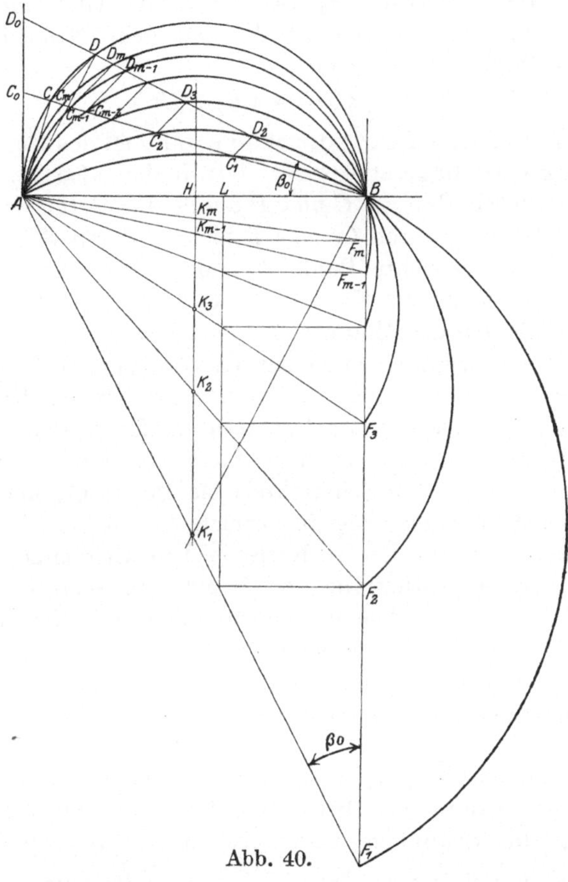

Abb. 40.

Mittelpunkt des größten Schlupfkreises gewonnen und können diesen selbst zeichnen. Die Strecke $BF_1 = J_K r_1$, die der Strahl von A durch K_1 auf der Senkrechten durch B abschneidet, erlaubt uns dann, den Gesamtwiderstand zu berechnen, indem wir den Betrag ihrer Länge, im Spannungsmaßstabe gemessen, durch den uns bekannten Wert von J_K dividieren. Der Motor läuft nun an, der Punkt S wandert auf dem Kreis bis zum Punkt C_1, wo der kleinste Strom $\dfrac{i_0}{s}$ erreicht ist und wo daher die erste Stufe abgeschaltet werden muß. Diese Stufe muß so groß sein, daß der Strom i_0 wieder erreicht wird; wir müssen also irgendwie nach der Geraden DB gelangen. Nennen wir den erreichten Punkt D_2, so muß

$$DD_2 : DB = CC_1 : CB$$

sein, da die Geschwindigkeit des Motors während des Umschaltens als konstant vorausgesetzt wird. Wir finden also D_2 am einfachsten dadurch, daß wir C und D durch eine Gerade verbinden und eine Parallele durch C_1 zu CD ziehen; deren Schnittpunkt mit DB ist der gesuchte Punkt D_2. Jetzt legen wir durch A, B und D_2 einen neuen Kreis, auf welchem der S-Punkt beim weiteren Anlaufen des Motors bis C_2 wandert; dann folgt wieder $C_2 D_3 \parallel CD$ und wir können in der Konstruktion fortfahren, bis sämtlicher Widerstand abgeschaltet ist; dies ist der Fall, wenn wir den Punkt D_m erreicht haben. Der Läuferkreis enthält jetzt nur noch den inneren Wicklungswiderstand und der S-Punkt wandert auf dem $m$ten Schlupfkreis bis Punkt C_m und weiter, bis der der Last entsprechende normale Strom erreicht ist.

Zu jedem der gezeichneten Kreise suchen wir den zugehörigen Punkt F, dessen Entfernung von B uns den Widerstand nach Division mit J_K gibt, indem wir den Durchmesser des Kreises durch A ziehen. Durch Projektion dieser Strecken auf eine in passendem Winkel geneigte Gerade läßt es sich auch einrichten, daß man den Widerstand in entsprechendem Maßstab unmittelbar abgreifen kann.

Um nun den Vorgang analytisch zu verfolgen, wollen wir noch für die Spannungen Bezeichnungen einführen. Es sei also $DB = U_a$ die Spannung beim größten Anlaßstrom i_0 und $CB = \dfrac{U_a}{\lambda}$ diejenige beim kleinsten Strom $\dfrac{i_0}{s}$. Nun ist nach Gl. (2a) am Anfang der νten Stufe:

$$i_0 \cdot r_\nu = \sigma_{\nu-1} \cdot U_a$$

und am Ende der $(\nu - 1)$ten Stufe:

$$\frac{i_0}{s} \cdot r_{\nu-1} = \sigma_{\nu-1} \cdot \frac{U_a}{\lambda}.$$

Hieraus folgt sogleich:

$$\frac{r_{\nu-1}}{r_\nu} = \frac{s}{\lambda}. \tag{10}$$

Das Verhältnis der Gesamtwiderstände zweier aufeinanderfolgenden Stufen ist also konstant, der Widerstand ändert sich nach einer geometrischen Reihe. Der Motor verhält sich also ebenso wie der Gleichstrom-Nebenschlußmotor, jedoch ist die Stufung des Widerstandes nicht nur von dem Stromsprung abhängig, sondern auch von der Spannungsänderung. Da nun $CB > DB$ ist, so muß $\lambda < 1$ sein, die Stufung wird bei gleichem Stromsprung gröber als beim Nebenschlußmotor. In derselben Art wie früher schließen wir jetzt aus Gl. (10):

$$r_\nu = \frac{\lambda}{s}\, r_{\nu-1} = \left(\frac{\lambda}{s}\right)^2 r_{\nu-2} = \left(\frac{\lambda}{s}\right)^3 r_{\nu-3} = \ldots = \left(\frac{\lambda}{s}\right)^{\nu-1} r_1. \tag{11}$$

Um den inneren Läuferwiderstand zu erhalten, setzen wir $\nu = m$ und erhalten:

$$r_m = \left(\frac{\lambda}{s}\right)^{m-1} r_1. \tag{11 a}$$

Nun wollen wir wieder den Ankerwirkungsgrad nach Gl. (13), § 23 einführen, sowie die Größe ε nach Gl. (18), § 28, die das Verhältnis des kleinsten Anlaßstromes zum Normalstrome angibt. Es ist nun mit Beachtung von Gl. (2) und (2a) im stationären Lauf bei Normallast:

$$\eta = \frac{E_n}{E_n + i_n r_m} = 1 - \frac{i_n r_m}{U_n} = 1 - \sigma_n$$

und im Stillstand:

$$i_0 r_1 = U_a$$

Setzt man noch $U_n = \dfrac{U_a}{\lambda_n}$, so erhält man aus diesen beiden Gleichungen die Beziehung:

$$\frac{r_m}{r_1} = \frac{\varepsilon\, s}{\lambda_n}\,(1 - \eta) \tag{12}$$

und damit folgt aus Gl. (11a):

$$\frac{\varepsilon\, s}{\lambda_n}\,(1 - \eta) = \left(\frac{\lambda}{s}\right)^{m-1}, \tag{13}$$

womit die Stufenzahl einer Phase bestimmt ist.

§ 34. Der Anlauf und seine Zeitdauer. Jetzt wollen wir wieder mit Hilfe der Differentialgleichung (7), § 23, die wir für unsere Zwecke am besten in der Form schreiben:

$$t = \Theta \int \frac{\mathrm{d}\omega}{D - M},$$

den Anlaufvorgang genauer verfolgen. Um diese Gleichung nun aber auswerten zu können, müssen wir erst noch die Abhängigkeit des Motordrehmoments von der Geschwindigkeit bestimmen. Hierzu benutzen wir wieder den Heylandkreis (Abb. 39).

Der pythagoräische Lehrsatz liefert für das Dreieck ABC die Beziehung:

$$U_0^2 = \left(i\,\frac{U_0}{J_K}\right)^2 + U^2 . \quad .$$

und mit Gl. (9) erhalten wir die beiden Beziehungen:

$$\left(\frac{U}{U_0}\right)^2 = \frac{1}{1 + \left(\dfrac{\sigma}{\sigma_k}\right)^2} = \cos^2 \beta \tag{14a}$$

und

$$\left(\frac{i}{J_K}\right)^2 = \frac{1}{1 + \left(\dfrac{\sigma_k}{\sigma}\right)^2} = \sin^2 \beta . \tag{14b}$$

Dividieren wir jetzt die Gl. (4) durch (7), so erhalten wir:

$$\frac{D}{D_k} = 2\,\frac{i}{J_K} \cdot \frac{U}{U_0} = 2 \sin\beta \cdot \cos\beta = \sin 2\beta , \tag{15a}$$

und mit Einführung der Werte aus Gl. (14) folgt:

$$\frac{D}{D_k} = \frac{2}{\dfrac{\sigma}{\sigma_k} + \dfrac{\sigma_k}{\sigma}} = \frac{2\,\dfrac{\sigma}{\sigma_k}}{1 + \left(\dfrac{\sigma}{\sigma_k}\right)^2} . \tag{15}$$

Diesen Wert müssen wir oben einsetzen. Es ist zweckmäßig, bei diesen Motoren als Bezugsgröße das Kippmoment zu wählen, statt des höchsten Anlaßmoments, so daß also zu setzen ist:

$$\alpha = \frac{M}{D_k}\left(= 2 \cdot \frac{i_n}{J_K} \cdot \frac{U_n}{U_0} = \sin 2\beta_n\right), \tag{16}$$

$$T_k = \frac{\Theta\,\omega_s}{D_k} . \tag{17}$$

Der eingeklammerte Teil der Gl. (16) gilt nur, wenn das Lastmoment M das normale ist, andernfalls sind die Größen mit
dem Index n die stationären Werte für das gewählte Lastmoment.
Drücken wir noch ω nach Gl. (3) durch σ aus, so erhalten wir
die Zeit:

$$t_\nu = t_{\nu-1} + \dot{T}_k \sigma_{k\nu} \cdot \vartheta , \qquad (18)$$

worin

$$\vartheta = \int\limits_{x_\nu}^{x_{\nu-1}} \frac{(1 + x^2)\, dx}{2\, x - \alpha\,(1 + x^2)} ; \qquad (19\,\text{a})$$

$$x = \frac{\sigma}{\sigma_{k\nu}} ; \qquad x_{\nu-1} = \frac{\sigma_{\nu-1}}{\sigma_{k\nu}} ; \qquad x_\nu = \frac{\sigma_\nu}{\sigma_{k\nu}} .$$

Mit Einführung des Winkels β aus Gl. (9a), (15) und (16)
kann man den Ausdruck für ϑ auch wie folgt schreiben:

$$\vartheta = \int\limits_{\beta_1}^{\beta_0} \frac{d(2\,\beta)}{(1 + \cos 2\,\beta)\,(\sin 2\,\beta - \sin 2\,\beta_n)} , \qquad (19\,\text{b})$$

wobei β_1 und β_0 die zu den Strömen $\dfrac{i_0}{s}$ und i_0 gehörigen Winkel

sind (Abb. 40). Das Integral, das wir mit ϑ bezeichnen, ist ein
von der Stufe unabhängiger Zahlenwert, wie man sofort aus
Gl. (9a) erkennt; denn die Grenzwerte der Stufen liegen in
Abb. 40 alle auf denselben Geraden, folglich bleibt der Wert
$\dfrac{\sigma_{\nu-1}}{\sigma_{k\nu}}$ am Anfange jeder Stufe durch den Strom i_0 bestimmt
und ebenso der Wert $\dfrac{\sigma_\nu}{\sigma_{k\nu}}$ am Ende jeder Stufe durch den
Strom $\dfrac{i_0}{s}$, entsprechend Gl. (14b). Noch deutlicher geht dies
aus der Form (19b) hervor. Das Integral ϑ ist, abgesehen von
den Grenzen, nur von dem Parameter α abhängig. Trägt man
daher das unbestimmte Integral für eine gegebene Belastung α
als Funktion von $\dfrac{\sigma}{\sigma_k}$ auf, so kann man leicht für zwei Zahlenwerte der Abszisse $\dfrac{\sigma}{\sigma_k}$ die zugehörigen Ordinaten ablesen und
deren Differenz gibt dann den Wert von ϑ.

Nennen wir y das unbestimmte Integral und x das Verhältnis $\dfrac{\sigma}{\sigma_k}$, so ist y durch den Ausdruck gegeben:

$$y = \frac{x}{\alpha} + \frac{2}{\alpha^2 \sqrt{1-\alpha^2}} \ln \frac{1}{2}\left(1 + \sqrt{1-\alpha^2} - \alpha\,x\right) -$$
$$- \frac{1}{\alpha^2}\left(\frac{1}{\sqrt{1-\alpha^2}} - 1\right)\ln\left(2\,x - \alpha - \alpha\,x^2\right). \tag{20}$$

Für $\alpha = 0$ wird dieser Ausdruck unbestimmt; gerade dieser Sonderfall (Leeranlauf des Motors) ist jedoch von besonderer Wichtigkeit. Nun kann man den Ausdruck für kleine Werte α in eine Reihe nach steigenden Potenzen von α verwandeln und erhält dann:

$$y = \frac{-1}{\sqrt{1-\alpha^2}}\left[\frac{1 + \alpha\,x + \ln\left(2\,x - \alpha - \alpha\,x^2\right)}{1 + \sqrt{1-\alpha^2}} + \right.$$
$$\left. + \sum_{n=0}^{\infty} \frac{\alpha^n}{(n+2)\,2^{n+1}}\left(\frac{2\,x + \alpha + \alpha\,x^2}{1 + \sqrt{1-\alpha^2} + \alpha\,x}\right)^{n+2}\right]. \tag{20a}$$

Hierin kann man jetzt $\alpha = 0$ setzen; es bleibt unter dem Summenzeichen nur das erste Glied übrig, so daß jetzt wird:

$$y = -\frac{1}{2} - \frac{1}{2}\ln 2\,x - \frac{x^2}{4}. \tag{20b}$$

Es ist nun
$$\vartheta = y\,(x_\nu) - y\,(x_{\nu-1}). \tag{21}$$

Aus diesen Gleichungen kann man auch die Anlaufzeit eines Motors mit Kurzschlußläufer entnehmen. Es ist hierbei zu beachten, daß die Zeit bis zur Erreichung des stationären Zustandes unendlich groß ist, doch sieht man bei Aufzeichnung der Kurven (namentlich der für Leeranlauf), daß die Zeit bis zu einem vom stationären Schlupf nicht sehr abweichenden Schlupf mehr oder weniger scharf begrenzt ist und es dürfte praktisch genügen, die Anlaufzeit etwa bis zu dem Punkte $y = 0$ zu rechnen. (Die Abweichung vom stationären Schlupf beträgt für beliebige Last etwa 6,8% des Kippschlupfes, wenn man mit $y = 0$ als oberer Grenze rechnet, und etwa 1%, wenn man mit $y = 1$ rechnet.) Dann könnte man den Wert $-y$ aus Gl. (20 u. ff.) ohne weiteres in den Ausdruck für die Anlaßzeit einsetzen.

Es handelt sich jetzt für uns darum, die Anlaßzeit bei mehrstufigem Anlassen zu berechnen. In dem zweiten Gliede der Gl. (18) ist $\sigma_{k\nu}$ die einzige von der Stufe abhängige Größe, und wenn man Gl. (8) und (11) benutzt, so wird:

$$t_\nu = t_{\nu-1} + T_k\,\vartheta \cdot \frac{J_K}{U_0} \cdot r_\nu = t_{\nu-1} + T_k\,\vartheta \cdot \frac{J_K\,r_1}{U_0} \cdot \left(\frac{\lambda}{s}\right)^{\nu-1}.$$

also schließlich (s. Abb. 40):

$$t_\nu = t_{\nu-1} + T_k\,\vartheta\,\mathrm{cotg}\,\beta_0 \cdot \left(\frac{\lambda}{s}\right)^{\nu-1}. \tag{18a}$$

Entwickelt man diese Gleichung schrittweise, indem man sie immer wieder auf sich selbst anwendet, so wird mit $t_0 = 0$:

$$\begin{aligned}
t_\nu &= t_{\nu-1} + T_k\,\vartheta\,\mathrm{cotg}\,\beta_0 \cdot \left(\frac{\lambda}{s}\right)^{\nu-1} \\
&= t_{\nu-2} + T_k\,\vartheta\,\mathrm{cotg}\,\beta_0 \cdot \left(\frac{\lambda}{s}\right)^{\nu-2} + T_k\,\vartheta\,\mathrm{cotg}\,\beta_0 \left(\frac{\lambda}{s}\right)^{\nu-1} = \\
&= t_{\nu-3} + T_k\,\vartheta\,\mathrm{cotg}\,\beta_0 \left[\left(\frac{\lambda}{s}\right)^{\nu-3} + \left(\frac{\lambda}{s}\right)^{\nu-2} + \left(\frac{\lambda}{s}\right)^{\nu-1}\right] = \ldots \\
&= T_k\,\vartheta\,\mathrm{cotg}\,\beta_0 \sum_{\varkappa=1}^{\nu} \left(\frac{\lambda}{s}\right)^{\nu-\varkappa}.
\end{aligned}$$

Rechnet man die Summe aus, so wird schließlich:

$$t_\nu = T_k\,\vartheta \cdot \mathrm{cotg}\,\beta_0 \cdot \frac{1 - \left(\dfrac{\lambda}{s}\right)^{\nu}}{1 - \dfrac{\lambda}{s}}. \tag{22}$$

Für $\nu = m$ ergibt sich hieraus ohne weiteres die gesamte Anlaßzeit, die mit Benutzung von Gl. (11a) demnach wird

$$t_m = T_k\,\vartheta\,\mathrm{cotg}\,\beta_0\,\frac{s - \lambda^{\frac{r_m}{r_1}}}{s - \lambda}. \tag{22a}$$

Mit Hilfe von Gl. (12) kann man dies auch schreiben:

$$t_m = T_k \cdot \vartheta \cdot \mathrm{cotg}\,\beta_0 \cdot \frac{s}{s - \lambda}\left[1 - \varepsilon\,\frac{\lambda}{\lambda_n}\left(1 - \eta\right)\right]. \tag{22b}$$

Diese Gleichungen sind ähnlich wie die entsprechenden für Gleichstrommotoren aufgebaut [Gl. (34) und (34a) § 29]; ihre Abweichung ist vor allem durch die Veränderlichkeit von U begründet, welche Größe der Klemmenspannung bei Gleichstrommotoren entspricht.

§ 35. Die Erwärmung des Widerstandes. Wir gehen wieder von der Gl. (35) § 30 aus und berechnen damit den mittleren Verbrauch einer Stufe einer Phase. Setzt man nun i aus Gl. (14 b), dt aus der mechanischen Differentialgleichung des Motors ein und nimmt dieselben Umformungen vor, wie für die Berechnung der Anlaßzeit, so erhält man:

$$w_\nu = J_K^2 r_1 \cdot \frac{\varkappa}{\vartheta} \frac{r_\nu - r_{\nu+1}}{r_1}, \tag{23}$$

worin bedeutet:

$$\varkappa = \int_{x_\nu}^{x_{\nu-1}} \frac{x^2\, dx}{2x - \alpha - \alpha x^2}; \quad x = \frac{\sigma}{\sigma_{k\nu}}. \tag{24}$$

Die unbestimmte Lösung des Integrals heißt:

$$z = \frac{x}{\alpha} + \frac{2 - \alpha^2}{\alpha^2 \sqrt{1 - \alpha^2}} \ln \frac{1}{2}\left(1 + \sqrt{1 - \alpha^2} - \alpha x\right)$$
$$- \frac{(1 - \sqrt{1 - \alpha^2})^2}{2\,\alpha^2 \sqrt{1 - \alpha^2}} \ln (2x - \alpha - \alpha x^2). \tag{24a}$$

Als Sonderfall sei hier wieder der vollkommene Leeranlauf erwähnt, für welchen sich mit $\alpha = 0$ ergibt:

$$z = -\frac{1}{2} - \frac{1}{4} x^2. \tag{24b}$$

Man geht hier zweckmäßig ebenso vor, wie oben bei der Anlaßzeit beschrieben, daß man die Funktion z über x für verschiedene α als Parameter aufträgt und dann den Wert von z zwischen den beiden gegebenen Grenzen von x abgreift. Im vorliegenden Falle sind die beiden Grenzen:

$$x_{\nu-1} = \frac{\sigma_{\nu-1}}{\sigma_{k\nu}} = \frac{i_0}{\sqrt{J_K^2 - i_0^2}} \quad \text{und} \quad x_\nu = \frac{\sigma_\nu}{\sigma_{k\nu}} = \frac{\dfrac{i_0}{s}}{\sqrt{J_K^2 - \left(\dfrac{i_0}{s}\right)^2}},$$

so daß also:

$$\varkappa = z(x_\nu) - z(x_{\nu-1}) \tag{25}$$

zu setzen ist. Man kann die Grenzen auch noch etwas anders darstellen. Aus Gl. (2a) folgt zunächst für Anfang und Ende der νten Stufe:

$$i_0 r_\nu = \sigma_{\nu-1} U_a \quad \text{und} \quad \frac{i_0}{s} \cdot r_\nu = \sigma_\nu \frac{U_a}{\lambda},$$

und daher wird:

$$\frac{\sigma_\nu}{\sigma_{\nu-1}} = \frac{\lambda}{s} \, . \tag{26}$$

Mit Beachtung von Gl. (9 a) wird daher:

$$x_{\nu-1} = \frac{\sigma_{\nu-1}}{\sigma_{k\nu}} = \operatorname{tg} \beta_0 \, ; \qquad x_\nu = \frac{\sigma_\nu}{\sigma_{k\nu}} = \frac{\lambda}{s} \cdot \operatorname{tg} \beta_0$$

und für den Leeranlauf folgt daher der einfache Ausdruck:

$$\varkappa_0 = \frac{1}{4} \operatorname{tg}^2 \beta_0 \cdot \left(1 - \frac{\lambda^2}{s^2}\right) \, . \tag{25a}$$

Wie eben gezeigt, sind die beiden Grenzwerte x_ν und $x_{\nu-1}$ von der Stufe unabhängig, daher wird das ganze Integral $\varkappa$ ebenfalls nicht davon beeinflußt; dasselbe hatten wir schon für den Zahlenfaktor ϑ festgestellt. Daher gelten auch hier dieselben Bemerkungen, die wir schon bei den Gleichstrommotoren gemacht hatten und die darauf hinausliefen, daß der mittlere Verbrauch der Stufe als konstant für die ganze Schaltzeit t_ν dieser Stufe angesehen werden kann. Der gleichwertige Dauerverbrauch der ν ten Stufe beträgt demnach:

$$W_\nu = \frac{w_\nu}{p} = \psi \left(1 - e^{-\frac{t_\nu}{T_w}}\right) J_K^2 r_1 \frac{\varkappa}{\vartheta} \cdot \frac{r_\nu - r_{\nu+1}}{r_1} \, . \tag{27}$$

Bei der Durchrechnung des Anlaßwiderstandes bestimmt man diesen Wert für jede Stufe und ermittelt danach die erforderliche Materialmenge des Widerstandes. Diese wollen wir jetzt berechnen. Dazu formen wir erst wieder den Hauptfaktor $J_K^2 r_1$ etwas um. Es findet sich, wie ohne weiteres aus dem Vorhergehenden verständlich:

$$J_K^2 r_1 = \frac{J_K}{i_0} \cdot \frac{U_a}{U_0} \cdot J_K U_0 = \operatorname{cotg} \beta_0 \cdot \frac{2}{3} D_k \omega_s = \frac{4}{3} \operatorname{cotg} \beta_0 \cdot \frac{A_s}{T_k} \, ,$$

und mit Benutzung von Gl. (10) und (11) ergibt sich aus Gl. (27)

$$W_r = \psi \left(1 - e^{-\frac{t_\nu}{T_w}}\right) \frac{4}{3} \operatorname{cotg} \beta_0 \cdot \frac{A_s}{T_k} \cdot \frac{\varkappa}{\vartheta} \left(1 - \frac{\lambda}{s}\right) \left(\frac{\lambda}{s}\right)^{\nu-1} \, . \tag{27a}$$

Für die Weiterführung der Rechnung wollen wir wieder wie bisher statt des ersten Klammerausdruckes den bei großer Zeitkonstante zulässigen Näherungswert $\dfrac{t_\nu}{T_w}$ einführen. Setzt man dann noch den in Gl. (22) gefundenen Wert von t_ν ein, so erhält man die Wärmekapazität der νten Stufe:

$$K_\nu = W_\nu\, T_w = \psi\, \frac{4}{3}\, \cotg^2 \beta_0 \cdot \varkappa\, A_s \cdot \left(\frac{\lambda}{s}\right)^{\nu-1} \left[1 - \left(\frac{\lambda}{s}\right)^\nu\right]. \tag{28}$$

Die Summierung dieses Ausdruckes über alle Stufen des Vorschaltwiderstandes, also für $\nu = 1$ bis $\nu = m - 1$, ergibt die Gesamtkapazität des Widerstandes einer Phase. Da wir drei gleiche Phasen angenommen haben, so müssen wir den erhaltenen Wert mit 3 multiplizieren, und daher wird die Kapazität:

$$K = 4\,\psi\,\varkappa\,A_s \cdot \cotg^2 \beta_0 \sum_{\nu=1}^{m-1} \left[\left(\frac{\lambda}{s}\right)^{\nu-1} - \left(\frac{\lambda}{s}\right)^{2\nu-1}\right].$$

Die Ausführung der Summation liefert:

$$K = 4\,\psi\,\varkappa \cdot A_s \cotg^2 \beta_0 \cdot \frac{\left[1 - \left(\frac{\lambda}{s}\right)^m\right]\left[1 - \left(\frac{\lambda}{s}\right)^{m-1}\right]}{1 - \left(\frac{\lambda}{s}\right)^2} \tag{29}$$

und mit Gl. (11a) wird schließlich:

$$K = 4\,\psi\,\varkappa\,A_s \cotg^2 \beta_0 \frac{\left[1 - \frac{\lambda}{s}\frac{r_m}{r_1}\right]\left[1 - \frac{r_m}{r_1}\right]}{1 - \left(\frac{\lambda}{s}\right)^2}; \tag{29a}$$

mit Gl. (25a) findet sich ferner

$$K = \psi\, \frac{\varkappa}{\varkappa_0} \cdot A_s \left[1 - \frac{\lambda}{s}\frac{r_m}{r_1}\right]\left[1 - \frac{r_m}{r_1}\right]. \tag{29b}$$

Mit Gl. (12) kann man dies auch schreiben:

$$K = \psi\, \frac{\varkappa}{\varkappa_0} \cdot A_s \left[1 - \frac{\varepsilon\,\lambda}{\lambda_n}(1-\eta)\right]\left[1 - \frac{\varepsilon\,s}{\lambda_n}(1-\eta)\right]. \tag{29c}$$

Für Anlasser mit genügend langer Abkühlungszeit ($\psi = 1$) und einen verlustlosen Motor ($\eta = 1$, $r_m = 0$ gesetzt) erhält man demnach für Leeranlauf ($\varkappa = \varkappa_0$) den einfachen Ausdruck:

$$K_0 = A_s. \tag{29d}$$

Die im Anlaßwiderstand in Wärme umgesetzte Energie ist in diesem besonderen Falle gleich der in den umlaufenden Massen enthaltenen kinetischen Energie.

§ 36. Anwendung auf ein Zahlenbeispiel. Nachdem wir die theoretischen Zusammenhänge verfolgt haben, wollen wir jetzt einen Drehstromanlasser zahlenmäßig durchrechnen. Es sei ein vierpoliger Drehstrommotor für 16 kW elektrische Nutzleistung bei 1450 Umdrehungen in der Minute gegeben, in welchen Wert die Luft- und Lagerreibung eingeschlossen sein soll. Ständer- und Läuferwicklung seien in Stern geschaltet; die Klemmenspannung des Ständers sei 550 Volt, die des stillstehenden offenen Läufers 92 Volt. Im Leerlauf nehme der Motor einen Strom von 6 Amp. auf und im Stillstande seien im Ständer folgende Werte gemessen worden: 80 Volt bei 11 Amp. und ein Leistungsfaktor $\cos \varphi_a = 0{,}3$. Der Widerstand der Läuferwicklung wurde zu 0,015 Ohm für jede Phase gemessen.

Zunächst seien einige Verhältnisgrößen gewählt oder berechnet. Wir wählen $\varepsilon = 1{,}12$ und $s = 1{,}62$, so daß der höchste Strom etwa $80\,\%$ über dem normalen liegt; ferner wählen wir noch $\dfrac{D_0}{D_k} = 0{,}8$, d. h., das höchste Anlaßmoment soll $20\,\%$ unter dem Kippmoment bleiben. Nun folgt aus Gl. (14a) und. (14b) für den höchsten Anlaßstrom die Beziehung:

$$\left(\frac{i_0}{J_K}\right)^2 + \left(\frac{U_a}{U_0}\right)^2 = 1 \tag{30}$$

und aus Gl. (15a) die weitere Gleichung:

$$\frac{D_0}{D_k} = 2\frac{i_0}{J_K}\frac{U_a}{U_0}. \tag{31}$$

Mit Hilfe dieser beiden Gleichungen berechnet man für den gewählten Wert von $\dfrac{D_0}{D_k}$ die weiteren Verhältniszahlen:

$$\frac{i_0}{J_K} = 0{,}45; \qquad \frac{U_a}{U_0} = 0{,}89.$$

Für den kleinsten Anlaßstrom erhält man ähnlich Gl. (30) die Beziehung:

$$\left(\frac{i_0}{s J_K}\right)^2 + \left(\frac{U_a}{\lambda U_0}\right)^2 = 1 \tag{30a}$$

und das entsprechende Drehmoment folgt aus Gl. (31), wenn man rechts noch durch $s\lambda$ dividiert. Da s gewählt ist, so kann man aus Gl. (30a) λ und dann das kleinste Drehmoment berechnen.

Es ergibt sich $\lambda = 0,93$, also wird:

der kleinste Anlaßstrom $\dfrac{0,45}{1,62} J_K = 0,28 \, J_K$;

das kleinste Anlaßmoment $2 \cdot 0,28 \cdot \dfrac{0,89}{0,93} D_k = 0,53 \, D_k$.

Jetzt können wir die Ströme und Spannungen selbst berechnen. Dazu brauchen wir wieder das Kreisdiagramm, und zwar ist es in Abb. 41 in der sonst üblichen Form, also im Strommaßstab gezeichnet. Hierin ist wieder wie früher C_a der Anlaufpunkt; ferner bezeichnet:

J_{1a} den Ständerstrom im Stillstand, dessen Phasenverschiebung gegen die Klemmenspannung φ_a beträgt,

J'_a den auf den Ständer umgerechneten Läuferstrom im Stillstand,

J_0 den Leerlaufstrom,

J_{1K} den ideellen Ständerkurzschlußstrom,

J'_K den ideellen Läuferkurzschlußstrom, ebenfalls auf den Ständer umgerechnet.

Bei der Umrechnung von Strömen und Spannungen wollen wir mit dem einfachen Übersetzungsverhältnis rechnen, wie es

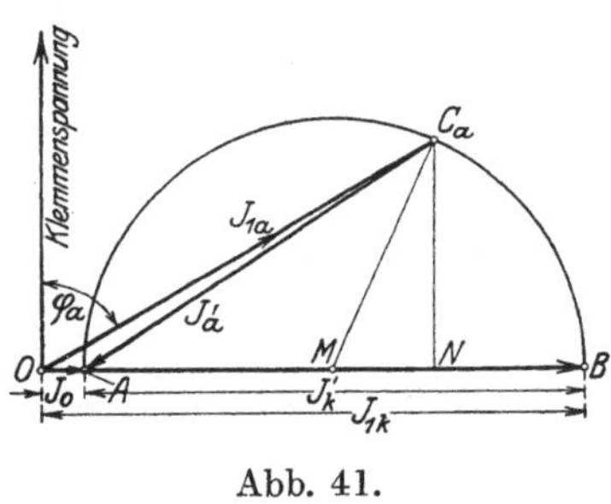

Abb. 41.

sich aus den Windungszahlen ergibt. Streng genommen ist dabei die Streuung zu berücksichtigen, doch ist deren Einfluß in den meisten Fällen sehr gering, und es kommt hier nicht auf sehr große Genauigkeit an. Aus demselben Grunde berechnen wir auch die Zahlen im allgemeinen nur auf zwei Stellen. Aus der Messung im Stillstand berechnet man zunächst den Anlaufstrom:

$$J_{1a} = \frac{550}{80} \cdot 11 = 75 \text{ Amp.}$$

Für das Dreieck MNC_a ergibt sich nach dem Pythagoräischen Lehrsatz:

$$\left(J_{1a} \sin \varphi_a - J_0 - \frac{J'_K}{2}\right)^2 + (J_{1a} \cos \varphi_a)^2 = \left(\frac{J'_K}{2}\right)^2$$

und diese Gleichung kann man leicht wie folgt umformen:

$$J'_K = J_{1a} \cdot \frac{J_{1a} - J_0 \sin\varphi_a}{J_{1a} \sin\varphi_a - J_0} - J_0 \,. \tag{32}$$

Da nun $\sin\varphi_a = \sqrt{1 - \cos^2\varphi_a} = \sqrt{1 - 0{,}3^2} = \sqrt{0{,}91}$ ist, so erhält man:

$$J'_K = 75 \cdot \frac{75 - 6 \cdot \sqrt{0{,}91}}{75 \cdot \sqrt{0{,}91} - 6} - 6 = \frac{75 \cdot 69{,}3}{65{,}6} - 6 = 73 \text{ Amp.}$$

Das Übersetzungsverhältnis ist $550 : 92 = 6 : 1$ und daher beträgt der ideelle Kurzschlußstrom des Läufers:

$$J_K = 6 \cdot 73 = 440 \text{ Amp.}$$

Nun können wir das Kippmoment nach Gl. (7) berechnen; die Winkelgeschwindigkeit ω_s ist aus der synchronen minutlichen Drehzahl n_s wie folgt zu berechnen:

$$\omega_s = 2\,\pi\,\frac{n_s}{60} = 2\,\pi\,\frac{1500}{60} = 50\,\pi$$

und da: $U_0 = \dfrac{92}{\sqrt{3}} = 53$ Volt ist (U_0 bezieht sich wie alle Spannungen in den Formeln auf eine Phase), so wird:

$$D_k = \frac{3 \cdot 440 \cdot 53}{2 \cdot 50\,\pi} = 223 \text{ Joule} = 22{,}8 \text{ mkg.}$$

(Wie ja bekannt, ist 1 mkg $= 9{,}81$ Joule.)

Nun erhalten wir mit den oben berechneten Verhältniszahlen:

	Größtwert	Kleinstwert
Anlaßstrom	$i_0 = 0{,}45 \cdot 440 = 198\,\text{Amp.}$	$0{,}28 \cdot 440 = 123\,\text{Amp.}$
Anlaß-drehmoment	$D_0 = 0{,}8 \cdot 22{,}8 = 18{,}2\,\text{mkg.}$	$0{,}53 \cdot 22{,}8 = 12{,}1\,\text{mkg.}$

Ferner wird die größte Anlaßspannung:

$$U_a = 0{,}89 \cdot 53 = 47 \text{ Volt}$$

und daher ergibt sich der gesamte Anlaßwiderstand einer Phase zu

$$r_1 = \frac{U_a}{i_0} = \frac{47}{198} = 0{,}24 \text{ Ohm.}$$

Jetzt können wir aus Gl. (11a) die Stufenzahl einer Phase berechnen. Es ergibt sich:

$$m - 1 = \frac{\ln\dfrac{r_1}{r_m}}{\ln\dfrac{s}{\lambda}} = \frac{\ln\dfrac{0{,}24}{0{,}015}}{\ln\dfrac{1{,}62}{0{,}93}} = 5\,.$$

Wir müssen also 5 Stufen oder $m = 6$ Kontakte anbringen, um die verlangten Bedingungen zu erfüllen.

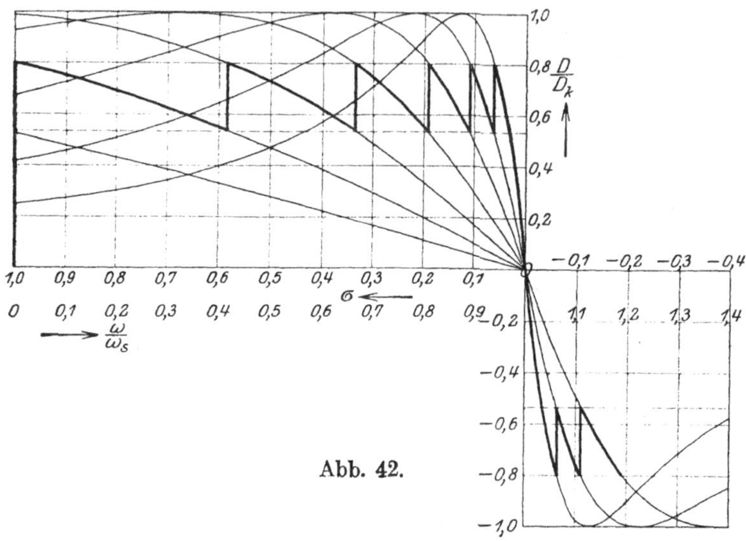

Abb. 42.

Um den Anlaufvorgang zeichnerisch zu veranschaulichen, sind in Abb. 42 die Drehmomente für jede Stufe aufgezeichnet. Zur Berechnung dieser Kurven wurde Gl. (15) benutzt, wobei

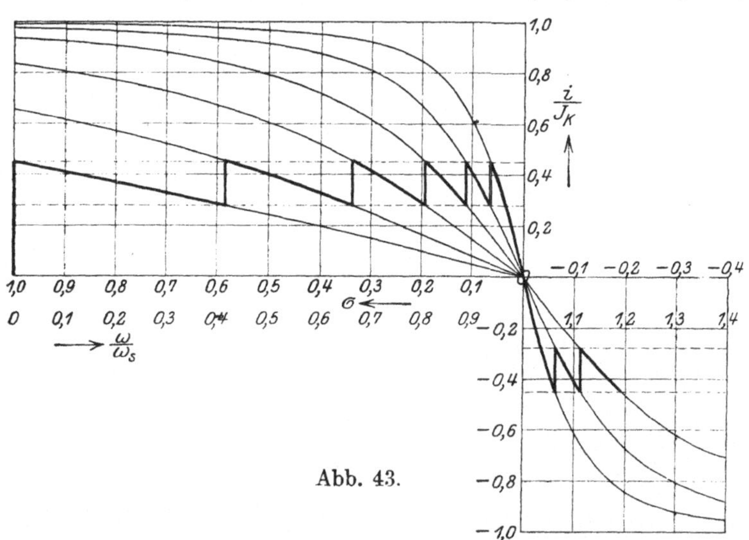

Abb. 43.

für den Kippschlupf $\sigma_{k\nu}$ die weiter unten in der Tabelle angegebenen Werte eingesetzt wurden. Desgleichen zeigt Abb. 43 die entsprechenden Kurven des Läuferstromes, die nach Gl. (14b) für dieselben Werte des Kippschlupfes berechnet wurden. Die stark ausgezogenen Teile der Kurven zeigen die wirklich während des Anlaufs auftretenden Drehmomente und Ströme.

Die Widerstände der einzelnen Stufen können jetzt mit Hilfe des Wertes $\dfrac{s}{\lambda} = \dfrac{1,62}{0,93} = 1,74$ berechnet werden, doch soll dies erst später geschehen.

Für die vollständige Berechnung des Widerstandes brauchen wir aber noch die Zeit, während welcher er belastet bleibt, und diese können wir aus Gl. (18) bestimmen. Dazu müssen wir den Zahlenwert ϑ kennen, den wir aus Gl. (20) erhalten, indem wir die beiden Grenzwerte $x_\nu = \dfrac{\sigma_\nu}{\sigma_{k\nu}}$ und $x_{\nu-1} = \dfrac{\sigma_{\nu-1}}{\sigma_{k\nu}}$ einsetzen und die daraus sich ergebenden Werte von y voneinander abziehen. Es ergibt sich aus Gl. (2a) für Anfang und Ende einer Stufe:

$$i_0\, r_\nu = \sigma_{\nu-1}\, U_a\,; \qquad \frac{i_0}{s}\, r_\nu = \sigma_\nu \frac{U_a}{\lambda}\,.$$

In Verbindung mit Gl. (8), wonach der Kippschlupf für dieselbe Stufe:

$$\sigma_{k\nu} = \frac{J_K\, r_\nu}{U_0}$$

beträgt, erhält man:

$$\frac{\sigma_{\nu-1}}{\sigma_{k\nu}} = \frac{i_0}{J_K}\cdot\frac{U_0}{U_a}\,; \qquad \frac{\sigma_\nu}{\sigma_{k\nu}} = \frac{\lambda}{s}\cdot\frac{i_0}{J_K}\cdot\frac{U_0}{U_a}\,. \tag{33}$$

Mit den schon berechneten Zahlen ergeben sich die Grenzwerte:

$$x_{\nu-1} = \frac{\sigma_{\nu-1}}{\sigma_{k\nu}} = \frac{0,45}{0,89} = 0,505\,; \qquad x_\nu = \frac{\sigma_\nu}{\sigma_{k\nu}} = \frac{0,505}{1,74} = 0,29\,.$$

Ferner brauchen wir noch die Größe α; wir wollen annehmen, daß der Anlauf mit Vollast erfolgt, also Lastmoment gleich normalem Drehmoment. Dieses beträgt:

$$D_n = \frac{L}{\omega_n} = \frac{16000\cdot 60}{2\,\pi\,1450} = 105 \text{ Joule} = 10,7 \text{ mkg},$$

also wird:

$$\alpha = \frac{10,7}{22,8} = 0,47\,.$$

Hiermit erhält man für y die beiden Werte:

für $x_{\nu-1}$: $y_1 = -0{,}407$;

für x_ν: $y_2 = +0{,}830$,

so daß schließlich wird:

$$\vartheta = y_2 - y_1 = 0{,}830 + 0{,}407 \approx 1{,}24 \,.$$

Schließlich brauchen wir noch die Anlaufzeitkonstante, die aus Gl. (17) zu berechnen ist. Es sei verlangt, daß der Motor mehrere Schwungmassen anzutreiben hat, deren resultierendes Schwungmoment (siehe S. 51) 20 kgm² betragen möge. Da das Schwungmoment das Produkt von Gewicht und Quadrat des Trägheitsdurchmessers, das Trägheitsmoment dagegen das Produkt von Gewicht*) und Quadrat des Trägheitsradius ist, so erhält man das Trägheitsmoment, indem man den genannten Wert durch 4 teilt. Daher wird die Zeitkonstante nach Gleichung (17)

$$T_k = \frac{\Theta\,\omega_s}{D_k} = \frac{20 \cdot 2\,\pi\,1500}{4 \cdot 223 \cdot 60} = 3{,}5 \text{ Sekunden**)},$$

und nun können wir auch nach Gl. (18) die Zeit berechnen, die jede Stufe eingeschaltet bleibt. Beispielsweise wird für die erste Stufe:

$$\sigma_{k\,1} = \frac{J_K\,r_1}{U_0} = \frac{440 \cdot 0{,}24}{53} = 2{,}0$$

und damit:

$$t_1 = 3{,}5 \cdot 2{,}0 \cdot 1{,}24 = 8{,}7 \text{ Sekunden.}$$

Da nun die Widerstände nach einer geometrischen Reihe fallen, so gilt dasselbe für die Belastungszeiten der einzelnen

---

*) Es sei hier darauf aufmerksam gemacht, daß im elektrotechnischen Maßsystem, in dem wir ja rechnen, Gewicht und Masse denselben Zahlenwert haben.

**) Für die Einsetzung der richtigen Maße bei der Berechnung der Zeitkonstanten ist folgendes zu beachten. Zunächst können wir das absolute Maßsystem anwenden. Da aber 1 kgm² $= 10^7$ absolute Einheiten (gcm²) und ebenso 1 Joule $= 10^7$ absoluten Einheiten (Erg) ist, so heben sich im Zähler und Nenner die Zehnerpotenzen gerade fort. Erweitert man ferner den Bruch mit ω und beachtet, daß $D\,\omega = L$ (Leistung) ist, so schreibt sich die Gleichung für die Zeitkonstante unter Fortlassung aller Indexe

$$T = \frac{\Theta\,\omega^2}{L} \,.$$

Führt man hier das Trägheitsmoment in kgm² ein, so ist die Leistung in Watt zu nehmen oder man kann auch das Trägheitsmoment in tm² und die Leistung in kW einsetzen.

Stufen, da diese Zeiten sich proportional dem Widerstand ändern. Die weitere Berechnung dieser Zeiten erfolgt später tabellenmäßig.

Um nun die Materialmenge des Widerstandes zu bestimmen, benutzen wir Gl. (27). Es sei eine Widerstandsart angenommen, die eine Wärmezeitkonstante von 15 Minuten hat, also etwa die in § 11 beschriebenen Porzellanzylinder. Dann können wir den Klammerausdruck $\left(1 - e^{-\frac{t_\nu}{T_w}}\right) = \frac{t_\nu}{T_w}$ setzen und wir erhalten die Kapazität der ν-ten Widerstandstufe:

$$K_\nu = W_\nu\, T_w = \psi\, J_K^2\, \frac{\varkappa}{\vartheta} \cdot t_\nu\, (r_\nu - r_{\nu+1}) \,. \tag{34}$$

Zur Berechnung dieses Wertes fehlt uns noch der Zahlenfaktor $\varkappa$, den wir aus Gl. (24a) in der Weise finden, daß wir z für die beiden Grenzwerte von x berechnen; die Differenz dieser beiden z ist dann das gewünschte $\varkappa$, wie in Gl. (25) symbolisch dargestellt. Es wird:

für $x_{\nu-1}$: $\qquad\qquad z_1 = -0{,}676$;

für x_ν: $\qquad\qquad z_2 = -0{,}528$

und daher:

$$\varkappa = z_2 - z_1 = -0{,}528 + 0{,}676 = 0{,}148 \,.$$

Ferner soll die Bedingung gestellt werden, daß das Anlassen alle 30 Minuten erfolgen darf, ohne daß der Widerstand die zulässige Temperatur überschreitet. Damit wird also:

$$\psi = \frac{1}{1 - e^{-\frac{P}{T_w}}} = \frac{1}{1 - e^{-\frac{30}{15}}} = 1{,}16 \,.$$

Da nun $r_1 = 0{,}24$ Ohm und $r_2 = \dfrac{0{,}24}{1{,}74} = 0{,}138$ Ohm ist, so wird schließlich die erforderliche Kapazität der ersten Stufe:

$$K_1 = 1{,}16 \cdot 440^2 \cdot \frac{0{,}148}{1{,}24} \cdot 8{,}7 \cdot (0{,}24 - 0{,}138) \cdot 10^{-3} = 23{,}8 \,\text{Kilojoule} .$$

Die Dauerbelastung, welche diese Stufe vertragen muß, um dieselbe Temperatur wie beim Anlassen anzunehmen, beträgt nun:

$$W_1 = \frac{K_1}{T_w} = \frac{23{,}8 \cdot 10^3}{15 \cdot 60} = 26{,}4 \,\text{Watt} .$$

Die für diesen Widerstand angenommenen, mit Draht bewickelten Porzellanzylinder mögen unter Dauerbelastung für

1 cm Länge einen Wärmestrom von 4 Watt bei der hierfür zulässigen Temperatur abgeben. Dann wären also für diese Stufe
$l_1 = \dfrac{26,4}{4} = 6,6$ cm Zylinderlänge erforderlich; bekannt ist uns
ferner, daß der Widerstand der Stufe $0,24 - 0,138 = 0,102$ Ohm
betragen muß. In der Praxis liegt der Fall nun im allgemeinen
so: Es werden Tabellen für die Wicklung solcher Zylinder auf-
gestellt, und zwar nimmt man hierin für verschiedene Drahtstärken
etwa den Widerstand einer Windung auf, die Zahl der Windungen für die Längeneinheit, den zulässigen Strom und ähnliche
gebrauchsfertige Werte. Mit den beiden oben für die erste Stufe
berechneten Werten (Widerstand und Zylinderlänge) ist dann
der Drahtdurchmesser eindeutig bestimmt. Hat man solche
Tabellen nicht vorbereitet, so ist es natürlich auch nicht schwer,
die erforderliche Drahtstärke unmittelbar zu berechnen. Doch
soll diese Rechnung hier nicht mehr durchgeführt werden.

Der dauernd zulässige Strom dieser Stufe beträgt:

$$i_1 = \sqrt{\frac{W_1}{r_1 - r_2}} = \sqrt{\frac{26,4}{0,102}} = 16,1 \text{ Amp.}$$

Es sei nun in einer Tabelle ein Widerstandszylinder von
10 cm Länge vorrätig, für einen Dauerstrom von 8 Ampere, und
dieser habe einen Widerstand von 0,64 Ohm. Nehmen wir hiervon zwei Zylinder parallel, so würden diese für die erste Stufe
gerade ausreichen; ihr Widerstand wäre 0,32 Ohm und dies· ist
mehr, als wir für den ganzen Anlaßwiderstand brauchen. Wie
wir jedoch bei der Berechnung der nächsten Stufen sehen werden,
wächst der entsprechende Dauerstrom für diese und es empfiehlt

ν	1	2	3	4	5	6	
r_ν	0,240	0,138	0,079	0,045	0,026	0,015	Ohm
$r_\nu - r_{\nu+1}$	0,102	0,059	0,034	0,019	0,011	—	Ohm
$\sigma_{k\nu}$	2,00	1,15	0,66	0,38	0,218	0,125	—
$t_\nu - t_{\nu-1}$	8,7	5,0	2,86	1,65	0,94	0,54	Sekunden
t_ν	8,7	13,7	16,6	18,2	19,1	19,7	Sekunden
K_ν	23,8	21,6	15,1	9,3	5,6	—	Kilojoule
W_ν	26,4	24,0	16,8	10,3	6,3	—	Watt
$l_\nu - l_{\nu-1}$	6,6	6,0	4,2	2,6	1,6	—	cm
l_ν	6,6	12,6	16,8	19,4	21,0	—	cm
i_ν	16,1	20,2	22,2	23,3	23,9	—	Amp.

sich, drei Zylinder der nächstkleineren Type parallel zu nehmen. Diese möge bei gleicher Zylinderlänge einen Dauerstrom von 7,1 Amp. und einen Widerstand von 0,79 Ohm haben, so daß drei parallele Zylinder 0,26 Ohm besitzen und 21,3 Amp. dauernd aushalten können. Die gesamte Zylinderlänge ist jetzt 30 cm, während die Rechnung als Mindestlänge 21 cm ergibt (siehe Tabelle). Solche Abweichungen müssen aber mit Rücksicht auf die Fabrikation (nur e i n e Drahtstärke für einen Zylinder) in Kauf genommen werden. In der Tabelle auf S. 116 sind nun in der eben beschriebenen Weise die erforderlichen Größen berechnet.

Hiermit ist die Berechnung des Anlassers durchgeführt und es sollen nur noch einige Kontrollrechnungen gemacht werden. Aus Gl. (22a) ergibt sich die Anlaßzeit:

$$t_m = 3{,}5 \cdot 1{,}24 \cdot \frac{1}{0{,}505} \cdot \frac{1{,}62 - 0{,}93 \cdot \dfrac{0{,}015}{0{,}24}}{1{,}62 - 0{,}93} = 19{,}5 \text{ Sekunden.}$$

Die Übereinstimmung mit der oben gefundenen Zahl 19,7 ist also gut. Ferner wird nach Gl. (25a):

$$\varkappa_0 = \frac{0{,}505^2}{4} \left(1 - \frac{1}{1{,}74^2}\right) = 0{,}043\ .$$

Die kinetische Energie der umlaufenden Massen beträgt im Synchronismus:

$$A_s = \frac{1}{2}\,\Theta\,\omega_s^2 = \frac{1}{2} \cdot \frac{20}{4} \cdot \left(\frac{2\pi\,1500}{60}\right)^2 = 61{,}7 \text{ Kilojoule}$$

und hiermit folgt aus Gl. (29b) die Gesamtkapazität des Widerstandes:

$$K = 1{,}16 \cdot \frac{0{,}148}{0{,}043} \cdot 61{,}7 \cdot \left[1 - \frac{1}{1{,}74} \cdot \frac{0{,}015}{0{,}24}\right]\left[1 - \frac{0{,}015}{0{,}24}\right] = 222\,\text{Kilojoule.}$$

Aus der Tabelle ergibt sich:

$$23{,}8 + 21{,}6 + 15{,}1 + 9{,}3 + 5{,}6 = 75{,}4 \text{ Kilojoule}$$

als Kapazität des Widerstandes e i n e r Phase, denn hierfür hatten wir ja die Rechnung durchgeführt. Für alle drei Phasen wird daher:

$$K = 3 \cdot 75{,}4 = 226 \text{ Kilojoule}$$

und auch hier dürfen wir mit der Übereinstimmung zufrieden sein, wenn wir bedenken, daß wir überall auf zwei Stellen abgerundet hatten.

VII. Bremswiderstände.

§ 37. Allgemeines. Einteilung. Wenn ein Motor, der eine Arbeitsmaschine antreibt, vom Netz losgetrennt wird, dann läuft er wegen der Trägheit seines Ankers und der damit gekuppelten Massen noch weiter. Um so mehr ist dies der Fall, wenn von der Arbeitsmaschine keine Leistung mehr verlangt wird, wenn sie also leer mitläuft. Die Reibung in den Lagern und der Widerstand der Luft gegen die umlaufenden Teile verzehren nun jedoch die diesen innewohnende kinetische Energie, so daß der Motor nach kürzerer oder längerer Zeit zur Ruhe kommt. In vielen Betrieben ist aber diese „Auslaufzeit" höchst unerwünscht und es ist notwendig, den Motor möglichst schnell stillzusetzen. Um dies zu erreichen, muß man den Motor bremsen, d. h. man muß die kinetische Energie der umlaufenden Massen diesen entziehen (Nachlaufbremsung).

In vielen anderen Betrieben wird die vom Motor geleistete Arbeit irgendwie aufgespeichert, etwa durch Heben einer Last, durch Spannen einer Feder oder in anderer Weise. Von derartigen Betrieben ist die unter dem Namen Hebezeuge zusammengefaßte große Gruppe die weitaus wichtigste. Beim Heben liegt derselbe Fall wie oben vor, nur daß es hier insofern günstiger ist, als der Motor durch die zu hebende Last dauernd vollbelastet ist und daher schneller zur Ruhe kommt. Soll trotzdem die Auslaufzeit möglichst verkürzt werden, so muß auch hier der Motor gebremst werden. Anders ist es beim Senken. Besitzt die Winde Selbsthemmung oder ist ein Gegengewicht angebracht, so würde dies dem vorigen Fall entsprechen, dem völligen Leerlauf des Motors und es käme nur Nachlaufbremsung in Frage. Soll dagegen beim Senken die Last selbsttätig ablaufen, so müssen Vorkehrungen getroffen werden, um ein Durchlaufen, d. h. allzu große Beschleunigung zu verhindern, der Motor muß also entsprechend gebremst werden.

Zum Bremsen eines Motors gibt es eine große Anzahl verschiedener Mittel. Wer sich hierüber genauer unterrichten will, muß Sonderwerke zu Rate ziehen, wie etwa das bekannte Buch von Ernst: „Die Hebezeuge"[5]). Hier soll nur die rein elektrische Bremsung besprochen werden, soweit diese durch den Motor selbst mit Hilfe eines vorgeschalteten Widerstandes erfolgt. Als solche kommen die folgenden drei Bremsarten in Betracht:

1. Rücklaufbremsung, auch Gegenstrombremsung genannt. Der Motor ist seiner augenblicklichen Drehrichtung entgegenwirkend über Widerstände an das Netz geschaltet, so daß sein eigenes Drehmoment seine Drehzahl zu verringern sucht.

2. Kurzschlußbremsung. Der Motor ist vom Netz losgetrennt und über Widerstände kurzgeschlossen, so daß er als Generator auf diese arbeitet. (Nur anwendbar bei Gleichstrommotoren.)

3. Rückspeisung. Der Motor wird in seiner normalen Drehrichtung über seine Grenzgeschwindigkeit hinaus beschleunigt und arbeitet dann als Generator auf das Netz zurück. (Nur anwendbar beim Gleichstrom-Nebenschlußmotor und Drehstrommotor.)

Auf eine rechnerische Behandlung der Bremsvorgänge soll hier verzichtet werden. Die Grundlagen dafür sind in den Abschnitten V und VI gegeben und man hat bei der Anwendung der dort gegebenen Gesetze nur auf das Vorzeichen von i und E zu achten, das ja aus den Diagrammen in Abb. 44 und 45 ohne weiteres folgt; bei der Kurzschlußbremsung wäre ferner $U = 0$ zu setzen. Ebenso muß man auf das Vorzeichen der Momente achten. Es ist dabei zu unterscheiden zwischen Motormoment D, Lastmoment M, deren Richtungen in Abb. 44 für den Nebenschlußmotor angedeutet sind, und dem Reibungsmoment M_r; dieses wirkt bei jeder Drehrichtung dieser entgegen, also auf eine Verminderung der Drehzahl. Die Abstufung des Widerstandes erfolgt bei der Rücklaufbremsung zweckmäßig derart, daß den einzelnen Stufen gleiche Geschwindigkeitsunterschiede entsprechen, während bei der Kurzschlußbremsung am besten der vorhandene Anlaßwiderstand ausgenutzt wird. Die Widerstände sind natürlich für Dauerlast oder den der Betriebsart zukommenden Belastungsfaktor zu berechnen, wie in Abschnitt II auseinandergesetzt.

§ 38. **Der Nebenschlußmotor.** Am einfachsten lassen sich die Verhältnisse am Gleichstrom-Nebenschlußmotor überschauen und wir wollen diesen etwas genauer untersuchen. Wir gehen von Abb. 36 aus und erweitern diese nach links hin für negative Drehzahlen, indem wir der geometrischen Reihe entsprechend dem Anlasser noch einige Widerstandsstufen vorschalten (siehe Abb. 44a). Die Zickzacklinie gibt dann den Stromverlauf, wenn man von voller Drehzahl im Gegenlauf den Motor stillsetzt und in normaler Drehrichtung anläßt. Wir ziehen nun eine wagerechte Linie in das Schaubild, deren Ordinate durch das Lastmoment M bzw. den ihm entsprechenden stationären Strom i_n gegeben ist. Ist

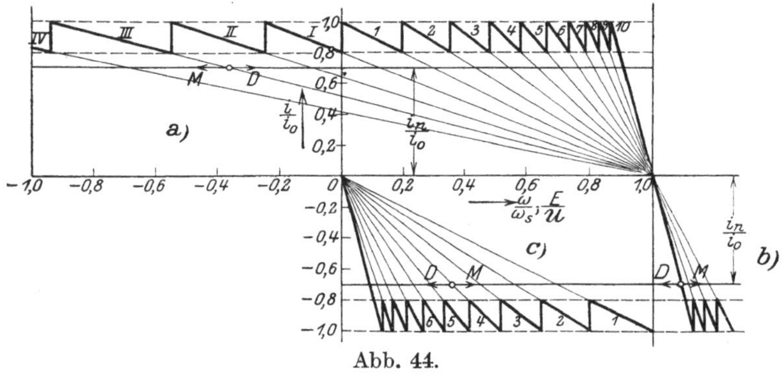

Abb. 44.

nun etwa die dritte Bremsstellung (Stufe III) eingeschaltet, so gibt der eingezeichnete Kreis den Beharrungspunkt des Motors und die daran angebrachten Pfeile zeigen die Richtung, in welcher das Lastmoment M und das Motormoment D wirkt. Durch Einschaltung einer weiteren Widerstandsstufe erhält man in dem Schnittpunkt der Wagerechten mit dem Strahl IV eine neue stationäre Drehzahl. Um eine gute Regelung der Drehzahl und nicht zu große Sprünge zu erhalten, ist es notwendig, die Stufung des Widerstandes entsprechend feiner zu wählen. Diese Bremsart bietet den Vorteil, daß man jederzeit den Motor zum Stillstand bringen kann; bei der in Abb. 44 gezeichneten groben Stufung und dem gewählten Lastmoment wäre es allerdings nur möglich, etwa $\pm 10\%$ der vollen Drehzahl statt Stillstand zu erreichen. Durch Unterteilung des Widerstandes läßt sich jedoch dies ohne weiteres vermeiden. Da der Winkel zwischen Strahl und Wagerechten besonders bei großen Widerständen sehr klein ist, so bringt eine geringe Änderung der Last, etwa durch Reibung, schon eine große Änderung der Drehzahl hervor.

In dieser Hinsicht ist die Kurzschlußbremsung günstiger. Zu dieser geht man über, indem man, ohne den Nebenschluß vom Netz zu nehmen, den Anker abschaltet und über den Anlaßwiderstand kurzschließt. In Abb. 44c ist das entsprechende Diagramm für normale Drehrichtung gezeichnet; um das entsprechende Bild für Gegenlauf zu erhalten, braucht man es nur um 180° um den Nullpunkt zu drehen. Schaltet man etwa auf die Anlaßstellung 4, so erhält man ungefähr dieselbe Geschwindigkeit wie oben bei Bremsstellung III. Wird nun das Lastmoment um etwa 10% größer, so wächst die Drehzahl bei der Rücklaufbremsung um etwa 40%, bei der Kurzschlußbremsung dagegen nur etwa um 10%. Dagegen wäre es hier nicht möglich, völligen Stillstand zu erreichen, wenn nicht die Reibung zu Hilfe käme.

Sind hohe Drehzahlen zulässig, so kann man von der Methode der Rückspeisung Gebrauch machen. Befindet sich der Motor im Gegenlauf, so schaltet man den Anker um und den Anlaßwiderstand kurz; dann beschleunigt sich der Motor, bis er die Grenzgeschwindigkeit überschritten hat, worauf er als Generator Strom an das Netz zurückgibt. In Abb. 44b ist der stationäre Punkt wieder durch einen Kreis bezeichnet. Das Vorschalten einer Anlasserstufe würde hier nur noch die Drehzahl weiter erhöhen, wie die Abbildung zeigt, und dies dürfte in den meisten Fällen kaum erwünscht sein.

§ 39. Der Hauptschlußmotor. Beim Hauptschlußmotor kann man ebenfalls das früher entwickelte Diagramm Abb. 34 nach der negativen Seite hin fortsetzen, wie dies in Abb. 45a geschehen ist. Die Wirkungsweise ist bei der Rücklaufbremsung ganz ähnlich der des Nebenschlußmotors. Durch Abschaltung von Widerstandsstufen kann man den Motor zum Stillstand bringen oder ihm irgendeine gewünschte Drehzahl geben. Um gute Reglung zu erhalten, muß der Widerstand feiner unterteilt werden als beim Anlassen. Die Empfindlichkeit gegen geringe Lastschwankungen ist auch hier sehr groß, wenn auch geringer als beim Nebenschlußmotor.

Um zur Kurzschlußbremsung überzugehen, die geringere Veränderlichkeit der Drehzahl ergibt, muß man bei Gegenlauf des Motors diesen vom Netz trennen und in sich kurzschließen. Hat der Motor dagegen normale Drehrichtung, so müssen die Anker-

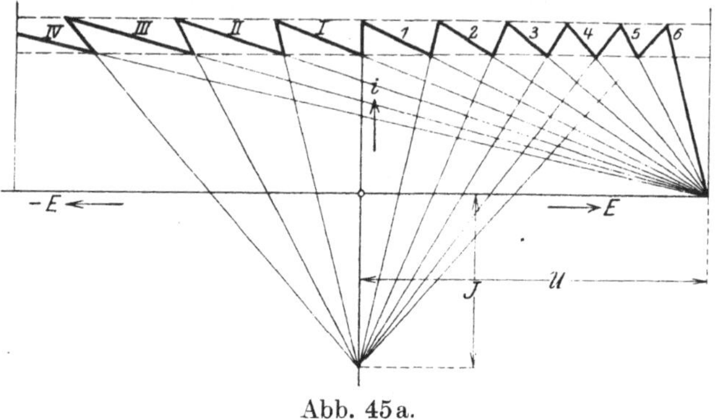

Abb. 45a.

anschlüsse umgekehrt werden, bevor die Kurzschließung erfolgt, da sonst der Motor sich entmagnetisiert und daher eine Bremsung nicht stattfindet. Das Diagramm der Kurzschlußbremsung ist in Abb. 45b dargestellt; hierbei sind die Verbindungslinien für die einzelnen Anlaßstufen, die ja Teile der magnetischen Kennlinie darstellen, wesentlich länger als beim Anlassen. Sie dürften daher eigentlich nicht mehr als Gerade gezeichnet werden, wie es hier der Einfachheit halber geschehen ist.

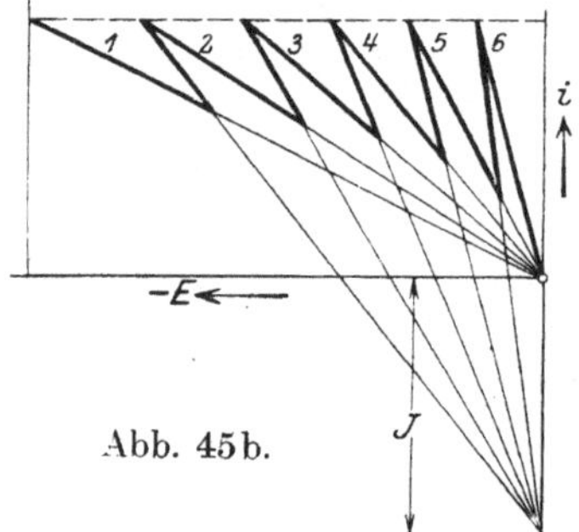

Abb. 45b.

Zur Rückspeisung kann man den Hauptschlußmotor nicht verwenden, da auch bei noch so vergrößerter Drehzahl der Strom nie verschwindet, geschweige denn seine Richtung umkehrt.

§ 40. Der Drehstrommotor. Der Drehstrommotor ist in seinem Verhalten dem Gleichstrom-Nebenschlußmotor sehr ähnlich. Die in Abb. 42 und 43 dargestellten Kurven für das Drehmoment und den Strom kann man ohne weiteres nach links fortsetzen. Doch gelten auch hier dieselben Bemerkungen wie oben, nämlich geringe Lastschwankungen ergeben für eine eingestellte Stufe eine große Änderung der Drehzahl; durch genügend feine Stufung des Widerstandes läßt sich gute Regelung und damit Einstellung auf jede beliebige Bremsgeschwindigkeit erzielen.

Zur Kurzschlußbremsung ist dieser Motor ohne weiteres nicht zu gebrauchen, da er beim Lostrennen vom Netz stromlos wird und daher keine Bremswirkung äußert. Hat man aber Gleichstrom zur Verfügung, dann kann man auch diesen Motor zur Kurzschlußbremsung verwenden, wie dies von Hellmund[9] angegeben ist. Man schließt dann eine Klemme des in Stern geschalteten Ständers an den einen Pol und die beiden anderen Klemmen zusammen an den anderen Pol. Ist der Gleichstrom gleich der Amplitude des Drehstroms, so hat das Feld gleiche Form und Größe wie das Drehfeld, steht jedoch dem Ständer gegenüber still. Die in Abb. 42 gezeigten Drehmomentkurven sowie die Kurven des Läuferstroms in Abb. 43 gelten auch hier, nur daß der Schnittpunkt mit der Abszissenachse, also der synchrone Punkt, jetzt im Nullpunkt liegt.

Soll der Motor zur Rückspeisung benutzt werden, so kehrt sich beim Überschreiten der Grenzgeschwindigkeit (synchronen Drehzahl) die Stromrichtung um, der Motor schickt Energie in das Netz zurück. Die entsprechenden Zweige der Drehmoment- und der Stromkurven sind ebenfalls in den Abb. 42 und 43 eingezeichnet.

VIII. Feldregler für gegebene Erregerspannung.

§ 41. Einleitung. Die Feldregler dienen dazu, den Erregerstrom in der Feldwicklung von Gleichstrommaschinen und von Ein- und Mehrphasensynchronmaschinen in gewünschter Weise zu ändern. Das magnetische Feld dieser Maschinen wird durch eine mit Gleichstrom gespeiste Wicklung erzeugt und bringt in der Ankerwicklung*) die EMK hervor. Wird nun die Maschine

---

*) Bei Gleichstrommaschinen und Einankerumformern ist der Anker der umlaufende Teil, während die Magnetpole mit ihrer Wicklung in dem feststehenden Gehäuse angebracht sind. Die Wechselstrom-Synchronmaschinen werden dagegen jetzt fast nur noch mit umlaufendem Magnetpolrad (bzw. Magnetzylinder) gebaut, das man Läufer nennt. Der feststehende Teil, der Ständer, trägt die Wechselstromwicklung und entspricht dem Anker der Gleichstrommaschine. Es wird daher im Text einheitlich vom Anker gesprochen, worunter der Teil der Maschine verstanden werden soll, in dessen Wicklung die wirksame EMK erzeugt wird.

belastet und bleibt dabei der Erregerstrom und damit die EMK
ungeändert, so wird infolge des Ohmschen Spannungsverlustes
und der Ankerrückwirkung die Klemmenspannung mit zunehmender Belastung immer kleiner. Um nun die Klemmenspannung auf der vorgeschriebenen Höhe zu halten, muß der
Erregerstrom entsprechend vergrößert werden. Häufig wird auch

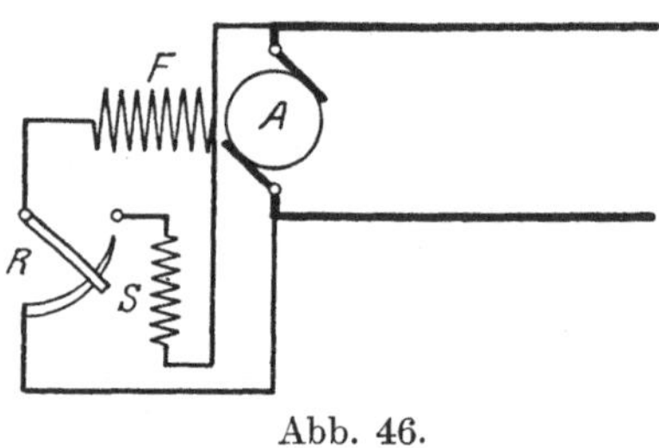

Abb. 46.

noch verlangt, daß die Klemmenspannung in bestimmtem
Maße vergrößert werden kann
und zwar bei voller Anker-
belastung, wie dies beispielsweise beim Akkumulatoren-
laden notwendig wird. Dies
bedingt eine weitere Ver-
größerung des Erregerstroms.
Andererseits will man auch
im Leerlauf der Maschine die Klemmenspannung unter Umständen in gewissem Grade verkleinern, und dies erfordert eine entsprechende Verkleinerung des Erregerstroms. Arbeitet die Maschine
allein oder parallel mit anderen auf ein Lichtnetz, so kommt nur

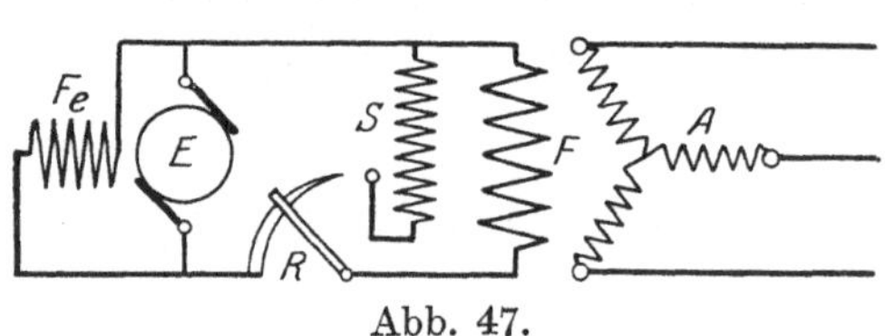

Abb. 47.

die Konstanthaltung
der Spannung für alle
Belastungen in Frage.
Die erforderliche
Änderung des Er-
regerstroms nach
oben und unten er-

reicht man durch passende Ab- und Zuschaltung von Widerstand im Erregerkreise. Die Stromquelle für diesen kann nun,
wenn es sich um Gleichstrom-Nebenschlußmaschinen handelt,
die erregte Maschine selbst sein, man spricht dann von „Selbsterregung“. Das Schaltbild dieser Anordnung ist in Abb. 46 gegeben. Die Feldwicklung F ist über den Regler R an den Anker
der Maschine geschlossen. Soll die Erregung abgeschaltet werden,
so wird die Feldwicklung durch die Reglerkurbel vom Anker ge-
trennt und über einen Widerstand S, den Feldunterbrecher,
kurzgeschlossen, so daß der Strom abklingen kann.

In anderen Fällen ist die Stromquelle für die Erregung elektrisch von der erregten Maschine unabhängig, man spricht dann

von „Fremderregung". Die Klemmenspannung dieser Stromquelle
ist im allgemeinen konstant, kann jedoch auch veränderlich sein.
Bei Wechselstrommaschinen, die eine eigene Erregermaschine besitzen, wird diese häufig im Nebenschlusse geregelt, so daß die
Klemmenspannung für die Erregung der Wechselstrommaschine
sich entsprechend der Kennlinie der Erregermaschine ändert. In
Abb. 47 ist das Schaltbild einer Drehstrommaschine gezeigt, deren

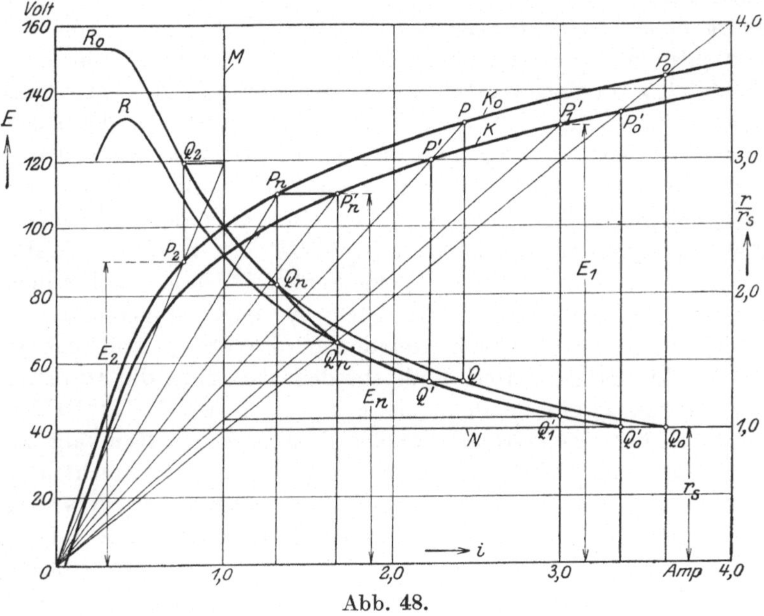

Abb. 48.

Erregerwicklung über einen Regler an eine Maschine mit konstanter
Spannung gelegt ist. Will man die Spannung der Erregermaschine
ebenfalls regeln, so braucht man nur die Schaltung von Abb. 46
hier wiederholen.

§ 42. Die Berechnung der Stufung bei Selbsterregung. Für
die Berechnung der Feldregler ist von Hunke[10]) ein zeich-
nerisches Verfahren gegeben worden, das ganz allgemein
für diese anwendbar ist und dem wir hier im großen
und ganzen folgen wollen. In Abb. 48 ist K_0 die Kennlinie
für den Leerlauf einer Gleichstrommaschine, d. h. es ist die
EMK der Maschine über dem Erregerstrome aufgetragen. Hier

zeichnet man zunächst den Strahl OP_0 so ein, daß die trigonometrische Tangente des Winkels zwischen diesem Strahl und der Abszissenachse (Erregerstrom) gleich dem Schenkelwiderstand bei warmer Maschine ist. Der Schnittpunkt P_0 des Strahles und der Kennlinie K_0 gibt die EMK und den Erregerstrom, wenn die Wicklung ohne Vorschaltwiderstand an die Bürsten gelegt wird. Jetzt ziehen wir eine Parallele M zur Ordinatenachse in der Entfernung 1 Amp. (oder etwa 10 Amp. oder sonst einen passend gelegenen runden Wert), dann gibt die Ordinate des Schnittpunktes dieser Senkrechten M mit dem Strahl OP_0 am Voltmaßstab unmittelbar den Schenkelwiderstand in Ohm an (nötigenfalls nach Division durch 10 oder den sonst gewählten Strom). Durch diesen Schnittpunkt ist eine Wagerechte N gezogen und nun rechts ein Widerstandsmaßstab aufgetragen, unter Annahme des Schenkelwiderstandes als Einheit. Zieht man jetzt einen beliebigen Strahl OP, durch seinen Schnittpunkt P mit der Kennlinie K_0 eine Senkrechte und durch seinen Schnittpunkt mit der Senkrechten M eine Wagerechte, so schneiden sich diese beiden Geraden im Punkte Q, und dies ist ein Punkt der gesuchten Widerstandskurve, d. h. die Ordinate des Punktes Q gibt in dem rechts aufgetragenen Maßstabe den erforderlichen Widerstand, um den Punkt P der Kennlinie zu erreichen. Der Abstand des Punktes Q von der Wagerechten N gibt also den notwendigen Vorschaltwiderstand. In derselben Weise fährt man fort und erhält schließlich die ganze Widerstandskurve R_0. Wird nun die Maschine belastet, so entsteht im Anker ein Spannungsverlust, die Klemmenspannung wird kleiner als die EMK, und man erhält eine neue Kennlinie K, die für Vollast gelten soll. Zu dieser neuen Kennlinie gehört eine neue Widerstandslinie R, die in ganz gleicher Weise wie oben gefunden wird.

Es werde nun verlangt, daß die Maschine im normalen Betriebe die Spannung $E_n = 110$ Volt bei allen Belastungen konstant hält. Wir müssen also von dem Punkt P_n der Kurve K_0 auf derselben Wagerechten zum Punkt P'_n der Kurve K gelangen. Für diese Punkte findet man die entsprechenden der Widerstandskurve auf derselben Senkrechten. So gehört zu P_n der Punkt Q_n auf der Kurve R_0 und zu P'_n der Punkt Q'_n auf der Kurve R; die Kurve $Q_n Q'_n$ ist auf dieselbe Weise aus der Wagerechten $P_n P_n'$ konstruiert, wie oben für die Kurve R_0 beschrieben. Ferner soll die Spannung der Maschine bei voller Last auf $E_1 = 130$ Volt gesteigert werden, wir müssen also zu dem Punkte P_1'

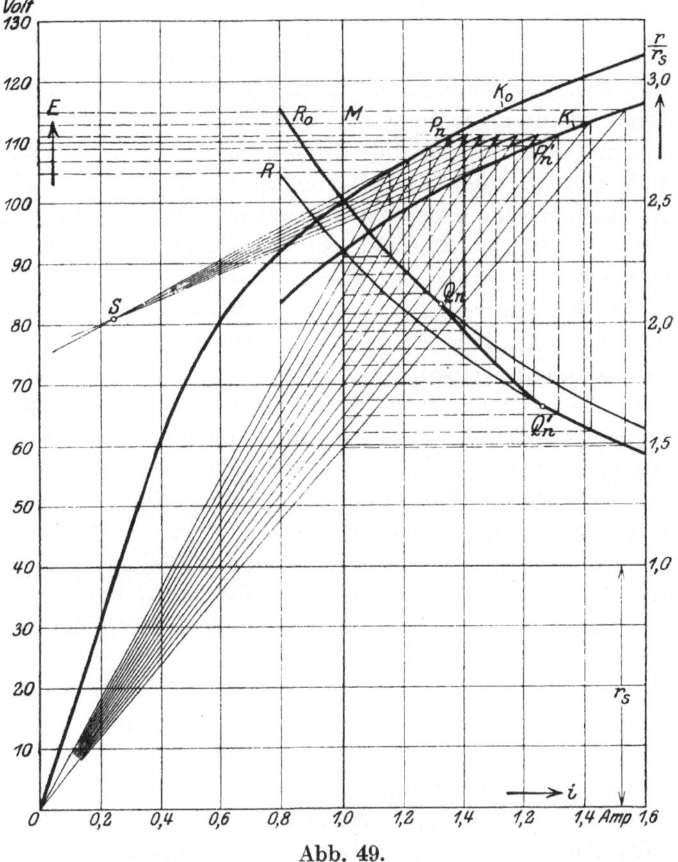

Abb. 49.

der Kennlinie K und dem entsprechenden Punkte Q_1' der Widerstandslinie R gelangen.

Häufig soll auch noch die Spannung im Leerlauf auf einen gewissen Betrag verringert werden. Nehmen wir hierfür den Punkt P_2 entsprechend einer Leerlaufspannung $E_2 = 90$ Volt an, so erhalten wir in dem zugehörigen Punkt Q_2 den höchsten Widerstand, und der Abstand des Punktes Q_2 von der Wagerechten N gibt den Gesamtwiderstand, den der Regler haben muß.

Der Widerstand, der zum Regeln dienen soll, ist durch den Kurvenzug $Q_2 Q_n Q_n' Q_1'$ gegeben und dieser Teil muß nun in passende Stufen unterteilt werden, die an die einzelnen Kontakte des Stufenschalters anzuschließen sind. In Abb. 49 ist ein Teil des Regelbereichs in größerem Maßstabe herausgezeichnet. Als zulässiger Spannungssprung für jede Stufe ist 2 Volt gewählt worden und zwar soll auf der Strecke $P_n P_n'$ die Spannung sich nur zwischen 109 und 111 Volt ändern. Geht man von 111 Volt auf K_0 aus und verbindet diesen Punkt mit dem Ursprung durch einen Strahl, so liegt Maschinenspannung und Erregerstrom bei zunehmender Belastung auf diesem Strahl, solange der Widerstand des Erregerkreises ungeändert bleibt. Ist die Spannung auf 109 Volt gesunken, so muß eine Stufe abgeschaltet werden und die Spannung steigt längs einer Kennlinie für die augenblickliche Belastung auf 111 Volt an. Um nun nicht für jede Stufe eine neue Kennlinie konstruieren zu müssen, ist folgende Näherungskonstruktion empfehlenswert. Man legt in den Punkten P_n und P_n' die Tangenten an die Kennlinien K_0 und K. Diese Tangenten schneiden sich in einem Punkte S, und von diesem Schnittpunkte zieht man Strahlen, die auf dem Änderungsbereich der Spannung (also im vorliegenden Falle zwischen 109 und 111 Volt) mit genügender Genauigkeit die entsprechende Kennlinie ersetzen. Indem man nun abwechselnd einen Strahl durch den Ursprung und einen durch S zieht, derart, daß aufeinanderfolgende Strahlen sich in der Wagerechten für 109 bzw. 111 Volt schneiden, so erhält man eine Zickzacklinie (siehe Abb. 49), die die Spannungsänderung von Leerlauf bis Vollast angibt. Die Widerstandslinien R_0 und R sowie die Verbindungskurve $Q_n Q_n'$ sind aus Abb. 48 ebenfalls übertragen, soweit sie nötig sind. Die Kurve $Q_n Q_n'$ wurde für 110 Volt gezeichnet; man erhält also die Widerstände für die einzelnen Stufen, indem man die Schnittpunkte der Strahlen aus dem Ursprung mit der 110-Volt-Linie auf die Kurve $Q_n Q_n'$ herunterlotet. Anschließend an die letzte Stufe soll noch eine Spannungserhöhung bei Vollast längs K erfolgen. Nehmen wir auch hier eine Stufung von 2 Volt an, so müssen wir die Punkte 111, 113, 115 … Volt auf die R-Kurve herabloten und hier lesen wir die erforderlichen Widerstände ab.

Entsprechend ergeben sich die Widerstandsstufen für Spannungsverminderung im Leerlauf durch Herabloten der Punkte 109,
107, 105 ... Volt der K_0-Kurve auf die R_0-Kurve. Auf diese
Weise bestimmt man sämtliche Widerstandsstufen von Q_2 über
Q_n, Q_n' bis Q_1', und der übrigbleibende Teil Q_1' bis Q_0', der in
diesem Beispiel allerdings nur klein ist, kann als eine feste

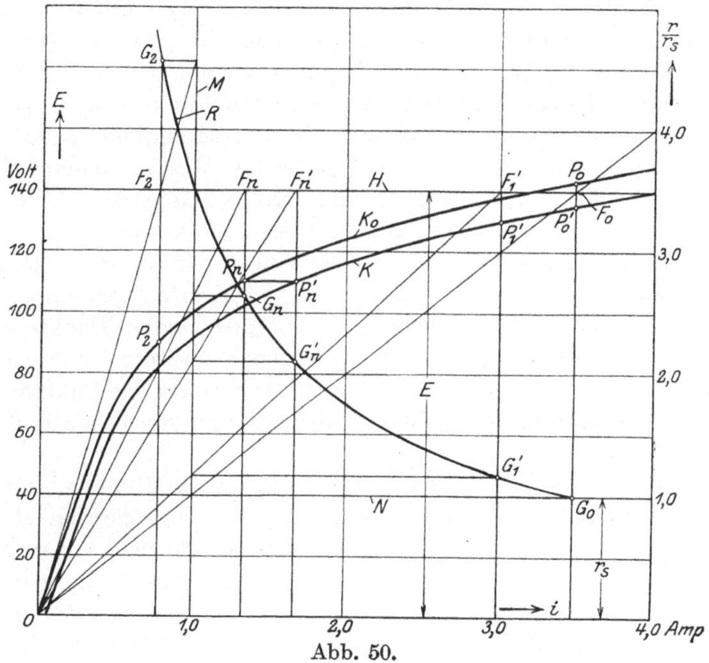

Abb. 50.

Stufe zwischen Anschlußklemme und ersten Kontakt eingebaut
werden, da hier eine Regelung nicht mehr erforderlich ist.

§ 43. Die Berechnung der Stufung bei Fremderregung. Dieselbe Maschine mit demselben Regelbereich soll nun von
einer fremden Stromquelle aus erregt werden, die von der
Maschine vollständig unabhängig ist. Die Spannung dieser
Stromquelle wollen wir der Einfachheit halber als konstant
zu $U = 140$ Volt annehmen. Die Kennlinie dieser Stromquelle
ist also eine Wagerechte H (siehe Abb. 50). Statt dieser Wagerechten kann man natürlich eine beliebige andere Kennlinie
der Stromquelle annehmen, ohne daß grundsätzlich an der

folgenden Darstellung irgend etwas geändert würde. Wir gehen von irgendeinem Punkte der Maschinenkennlinie K_0 aus, etwa dem normaler Spannung P_n, legen durch diesen eine Senkrechte und verlängern sie, bis sie die Kennlinie H der Stromquelle schneidet. Durch diesen Schnittpunkt F_n ziehen wir einen Strahl vom Ursprung und bestimmen nun in derselben Weise wie früher einen Punkt der Widerstandskurve R. Wir legen nämlich durch den Schnittpunkt des Strahles mit der Senkrechten M eine Wagerechte; in deren Schnittpunkt G_n mit der Senkrechten durch P_n erhalten wir dann den gesuchten Punkt von R. Diese Kurve ist nur von der Kennlinie H der Stromquelle abhängig und wir erhalten für alle Punkte beider Maschinenkennlinien die zugehörigen Punkte auf ein und derselben Widerstandskurve. So ergeben sich für die übrigen wichtigen Punkte unseres Regelbereichs, also normale Spannung bei Vollast (Punkt P_n'), erhöhte Spannung bei Vollast (Punkt P_1'), verringerte Spannung im Leerlauf (Punkt P_2), zunächst die entsprechenden Punkte F_n', F_1', F_2 auf der Kennlinie der Stromquelle und die Punkte G_n', G_1', G_2 auf der Widerstandskurve R. Der Abstand des Punktes G_2 von der Wagerechten N gibt den gesamten erforderlichen Widerstand des Reglers.

Jetzt ist noch die Stufung des Reglers zu bestimmen. Dazu ist in Abb. 51 ein Teil des Regelbereichs in vergrößertem Maßstabe gezeichnet, genau wie in Abb. 49. In gleicher Weise wie dort wird der Punkt S gefunden, von welchem aus die die Kennlinien ersetzenden Strahlen gezogen werden. Gehen wir nun wieder von dem Punkt 111 Volt auf K_0 aus und lassen den Laststrom allmählich zunehmen, so wird die Spannung dementsprechend sinken. Der Erregerstrom bleibt hierbei aber ungeändert, da wir ja die Spannung der Stromquelle als konstant vorausgesetzt haben. Die Maschinenspannung sinkt also längs der Senkrechten durch den Punkt 111 Volt auf K_0; hat sie den Wert 109 Volt erreicht (wir setzen wieder 2 Volt zulässige Spannungsschwankung voraus), so muß eine Widerstandsstufe abgeschaltet werden. Dann steigt die Spannung augenblicklich längs einer zu der vorhandenen Last gehörenden Kennlinie, wofür wir einen Strahl von S aus ziehen, auf 111 Volt an und fällt dann wieder bei steigender Last längs einer Senkrechten. Auf diese Weise erhalten wir wiederum eine Zickzacklinie (siehe Abb. 51), welche die Spannungsänderung der Maschine zwischen Leerlauf und Vollast darstellt. Ist Vollast, also Kurve K, erreicht, so erhalten wir die für Spannungserhöhung erforderlichen Wider-

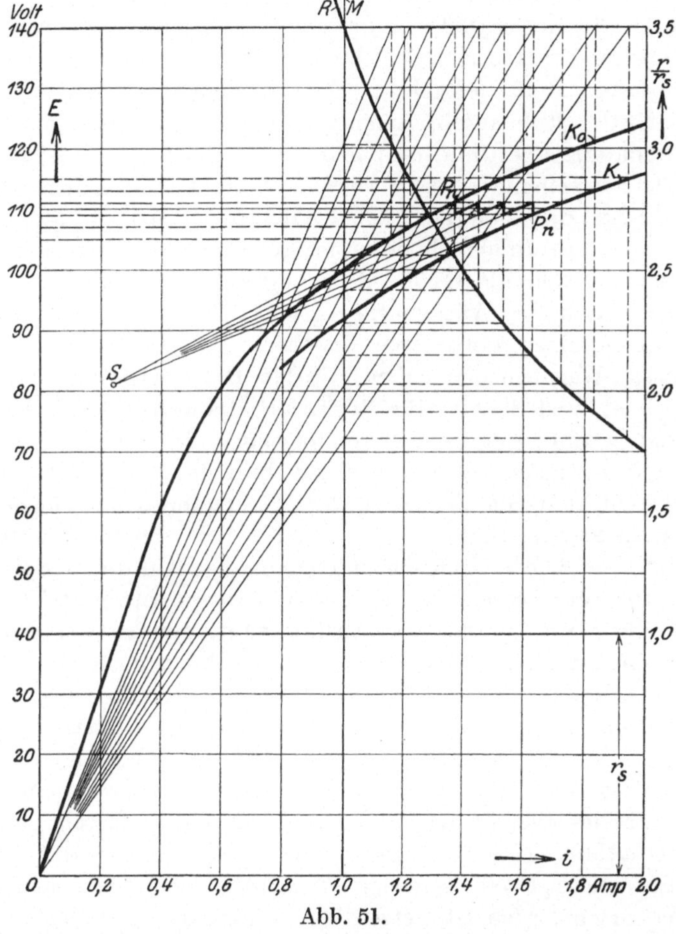

Abb. 51.

standsstufen, indem wir die Punkte 111, 113, 115 ... Volt der Kurve K auf die Widerstandslinie herabloten; ebenso ergeben sich die für Spannungsverminderung im Leerlauf nötigen Widerstandsstufen durch Herabloten der Punkte 109, 107, 105 ... Volt der Kurve K_0 auf die Widerstandskurve, wie dies in Abb. 51 ge-

9*

zeigt ist. Auf diese Weise legen wir die Stufen für den ganzen
Regelbereich G_2 bis G_1' fest (siehe Abb. 50); der übrigbleibende
Teil $G_1' G_0$ ist als feste Stufe zwischen Anschlußklemme und ersten
Kontakt einzubauen.

§ 44. Die Reglergröße. In der eben beschriebenen Art wird der
Widerstand der einzelnen Stufen, d. h. die Anzahl der Ohm, die jede
Stufe haben muß, festgelegt. Da außerdem die Zeichnung den
Strom jeder Stufe angibt, so kann man auch den Querschnitt des
Leitermaterials bestimmen. Wie dies zu geschehen hat, ist in Abschnitt II auseinandergesetzt worden. Häufig kommt man nun aber
in die Lage, daß man die Größe des Reglers kennen möchte, ohne
ihn erst genau durchrechnen zu müssen. Wie in Abschnitt I entwickelt, ist aber die **Größe des Reglers**, also seine Materialmenge, durch die Wärmemenge gegeben, die der Regler unter
Einhaltung einer bestimmten Erwärmung abgeben kann. Diese
zulässige Wärmemenge haben wir für Dauerbelastung mit W_0
bezeichnet, und da hier für Regler nur Dauerbelastung berück-
sichtigt werden soll, so soll im folgenden der hierfür geltende
Index 0 fortfallen; es ist wohl zu beachten, daß man diese
Wärme nicht durch Belastung des Widerstandes mit einem bestimmten Strom erhalten kann, sondern um diesen Wert W zu
erhalten, muß jede Stufe den ihr zukommenden, aus der Zeichnung sich ergebenden Strom führen. Dieser Strom tritt auf,
wenn die Stufe gerade eingeschaltet wird, und ist der größte,
der in ihr auftritt. Ist nun i_n der Strom der $n$ten Stufe und r_n
ihr Widerstand, so ist $i_n^2 r_n$ die Wärmemenge, für welche die
Materialmenge zu bemessen ist. Summiert man diesen Wert
über alle Stufen, so erhält man die Größe W. Dies ist ein um-
ständliches Verfahren und erfordert vorherige Berechnung des
Widerstandes aller Stufen, also Durchführung der beschriebenen
Konstruktion. Dies soll aber gerade vermieden werden. Um
nun die zulässige Wärmemenge W zu berechnen, für welche der
Regler zu entwerfen ist, setzen wir voraus, daß der Regler unendlich feine Stufung hat, daß die Regelung also stetig stattfindet. Dann ist aber die zulässige Wärmemenge W, oder wie
wir sie im folgenden kurz nennen wollen, die **Reglergröße**,
durch die Gleichung gegeben:

$$W = \int_{r_0}^{r_1} i^2 \, dr \, . \tag{1}$$

Durch Integration nach Teilen ergibt sich hieraus:

$$W = i_1^2 r_1 - i_0^2 r_0 - 2 \int_{i_0}^{i} r\, i\, \mathrm{d}i\,,$$

worin i_0 der höchste Erregerstrom und r_0 der zugehörige Widerstand des Erregerkreises ist, ebenso seien i_1 und r_1 die anderen Grenzen des Regelbereichs; r_0 mag der Feldwiderstand allein sein oder diesen und eine feste Widerstandsstufe enthalten. Nun sei $E = i\, r$ die Erregerspannung, deren Wert bei höchstem Erregerstrom E_0 und bei kleinstem E_1 sein soll, dann erhält man:

$$W = 2 \int_{i_1}^{i_0} E\, \mathrm{d}i - E_0\, i_0 + E_1\, i_1\,. \tag{2}$$

Um den Strom bis auf null herunter zu regeln, würde ein bestimmter großer Widerstand erforderlich sein. Bleibt die Erregerspannung stets endlich, so würde allerdings dieser Widerstand unendlich groß werden, doch bleibt dann immer noch die Größe W endlich. Bezeichnen wir diesen Grenzwert mit W_0, so wird mit $i_1 = 0$ in Gl. (2)

$$W_0 = 2 \left[\int_{0}^{i_0} E\, \mathrm{d}i - \frac{1}{2}\, E_0\, i_0 \right]\,. \tag{3}$$

Einen entsprechenden Ausdruck erhält man für die Wärmemenge W_{01}, wenn der Strom von i_1 auf null herunter geregelt wird. Damit wird schließlich die Reglergröße:

$$W = W_0 - W_{01}\,. \tag{2a}$$

Sehen wir uns jetzt den Klammerausdruck von Gl. (3) etwas genauer an. Wie gesagt, ist E die Erregerspannung und bei Selbsterregung ist diese durch die Kennlinie der Maschine als Funktion des Erregerstroms gegeben. In Abb. 52 ist die Leerlaufkennlinie K_0 gezeichnet und ein Strahl OP_0 vom Ursprung nach dem Punkt P_0 der höchsten Erregung, sowie ein zweiter OP_1 für die zweite Grenze des Regelbereichs gezogen. Nun stellt das erste Glied in der eckigen Klammer von Gl. (3) (also das Integral) die Fläche zwischen der Abszissenachse, der Endordinate E_0 und der Kurve K_0 dar; das zweite Glied dagegen gibt den Inhalt des Dreiecks OA_0P_0, so daß also schließlich W_0 durch den doppelten Inhalt der Fläche zwischen dem Strahl OP_0 und der Kurve K_0 gegeben ist. Entsprechend ist W_{01} gleich der doppelten Fläche zwischen dem

Strahl OP_1 und der Kennlinie K_0. Wir erhalten also als Ergebnis unserer Untersuchung:

„Tragen wir die Erregerspannung in einem rechtwinkligen Koordinatensystem als Funktion des Erregerstroms auf und ziehen vom Ursprung Strahlen nach den beiden Grenzpunkten des Regelbereichs auf der gefundenen Kurve, so ist die Reglergröße gleich dem doppelten Inhalt der Fläche zwischen diesen beiden Strahlen und der Kurve der Erregerspannung."

In Abb. 52 ist diese Fläche $P_1OP_0P_1$ senkrecht schraffiert. Benutzt man für diese Rechnung die Lastkennlinie K von Abb. 48, so ist zu beachten, daß unterhalb des Punktes, an welchem ein von O gezogener Strahl die Kennlinie berührt, ein stabiler Zu-

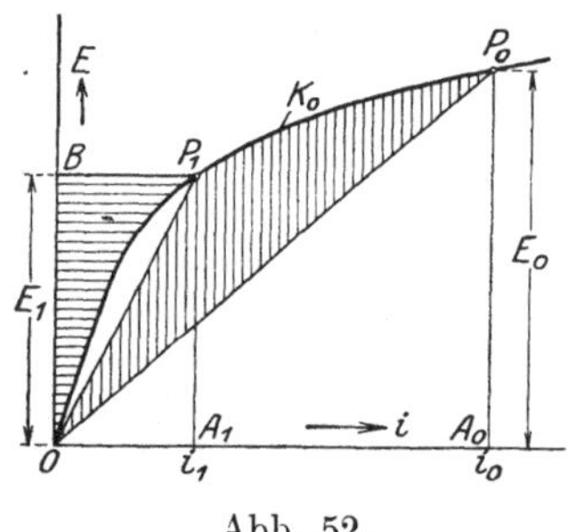

Abb. 52.

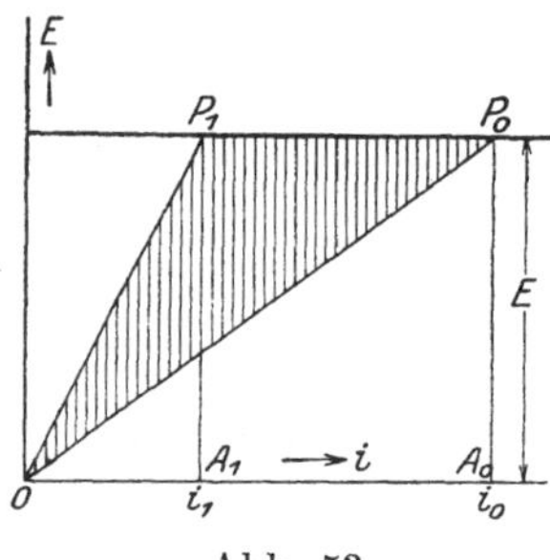

Abb. 53.

stand nicht möglich ist. An diesem Punkte ist daher die Integration zu beginnen. Es ist dieser Punkt derselbe, an welchem die Widerstandslinie R in Abb. 48 ein Maximum besitzt.

Haben wir nun Fremderregung mit konstanter Erregerspannung U, wie in Abb. 50 und 51 vorausgesetzt, so wird in Gl. (2) $E = E_0 = E_1 = U$, die Gleichung wird integrierbar und wir erhalten:

$$W = U\,(i_0 - i_1)\,. \tag{4}$$

In Abb. 53 ist dieser Fall besonders dargestellt; die als Maß der Reglergröße dienende Fläche wird hier zum Dreieck P_1OP_0, das ebenso wie die Fläche in Abb. 52 senkrecht schraffiert ist. Das Dreieck P_1OP_0 ist aber die Hälfte des Rechtecks $P_1A_1A_0P_0$, so daß wir also durch dieses die Reglergröße unmittelbar darstellen können. Dasselbe folgt auch aus Gl. (4).

Der Wert von W_0 wurde für die in Abb. 48 bis 51 benutzten Kennlinien K_0 und K als Funktion des Erregerstroms bestimmt

und in Abb. 54 in Kurven aufgetragen. Aus diesen Kurven kann
man daher die Reglergröße als Ordinatenunterschied für die beiden als Grenzen in Betracht kommenden Erregerströme sofort
ablesen. Ferner sind in Abb. 54 noch zwei Gerade eingezeichnet,
die den Wert W_0 für konstante Erregerspannung von 110 und
140 Volt geben. Als Beispiel wollen wir die Reglergröße für die
in § 2 und 3 beschriebenen Fälle ablesen. In Abb. 48 ist
Selbsterregung längs Kennlinie K von 3,0 Amp. bis 1,67 Amp.,

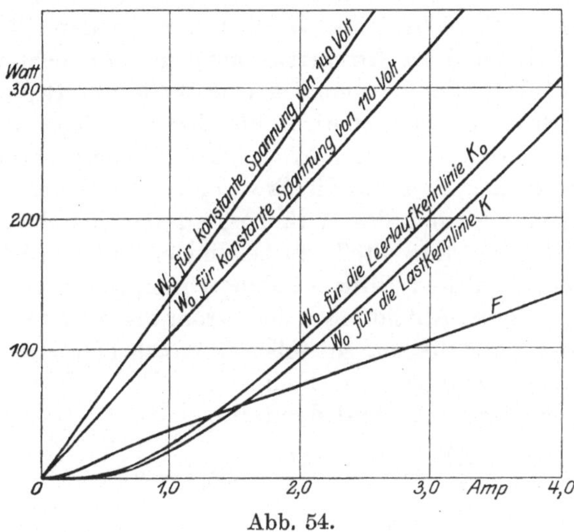

Abb. 54.

wofür wir aus Abb. 54 erhalten $181 - 66 = 115$ Watt; dann ist
konstante Erregerspannung 110 Volt von 1,67 Amp. bis 1,32 Amp.,
woraus aus Abb. 54 folgt $184 - 145 = 39$ Watt; schließlich ist
Selbsterregung längs K_0 von 1,32 Amp. bis 0,77 Amp., und hier-
für entnehmen wir aus Abb. 54 den Wert $48 - 12 = 36$ Watt.
Daher ist die Reglergröße $W = 115 + 39 + 36 = 190$ Watt. Da-
gegen erhalten wir mit Fremderregung von 140 Volt für den
Regelbereich 3,0 Amp. bis 0,77 Amp. (entsprechend Abb. 50) aus
Abb. 54 als erforderliche Größe unseres Reglers $W = 420 - 107$
$= 313$ Watt.

Aus Abb. 48 und 50 geht hervor, daß die kleinste Spannung,
mit welcher der höchste Erregerstrom von 3 Amp. erhalten wird,
120 Volt ist, und hierfür ergibt sich als kleinste Reglergröße bei

Fremderregung $W = 120\,(3{,}0 - 0{,}77) = 268$ Watt. Dies ist aber noch immer über 40% mehr, als für Selbsterregung erforderlich.

§ 45. Der Verlust im Regler. Eine wichtige Größe für den Aufbau des Reglers ist der in ihm auftretende Verlust. Dieser beträgt:

$$V = i^2\,(r - r_0) = E\,i - i^2\,r_0 \tag{5}$$

und wie man leicht erkennt, verschwindet V für $r = r_0$, denn dann geht eben kein Strom durch den Regler; aber V verschwindet auch offenbar für sehr große Werte von r, da dann der Strom sehr klein wird und die Erregerspannung $E = i\,r$ nicht über alle Grenzen wächst. Folglich muß es eine Stelle am Regler geben, wo der Verlust am größten wird. Für den Berechner des Widerstandes ist es aber von großer Wichtigkeit, diesen größtmöglichen Verlust zu kennen, da dafür die Erwärmung des Widerstandes im fertigen Zustande und der Wirkungsgrad der Maschine zu bestimmen ist. Um diese Stelle zu bestimmen, müssen wir Gl. (5) differenzieren und den Differentialquotienten gleich null setzen. Da wir in unseren Abbildungen den Strom als unabhängige Veränderliche benutzt haben, so wollen wir auch hiernach differenzieren, wobei wir zunächst r eliminieren und durch die Erregerspannung ersetzen. Es wird dann also:

$$\frac{\mathrm{d}V}{\mathrm{d}i} = E + i\,\frac{\mathrm{d}E}{\mathrm{d}i} - 2\,r_0\,i = 0\;. \tag{6}$$

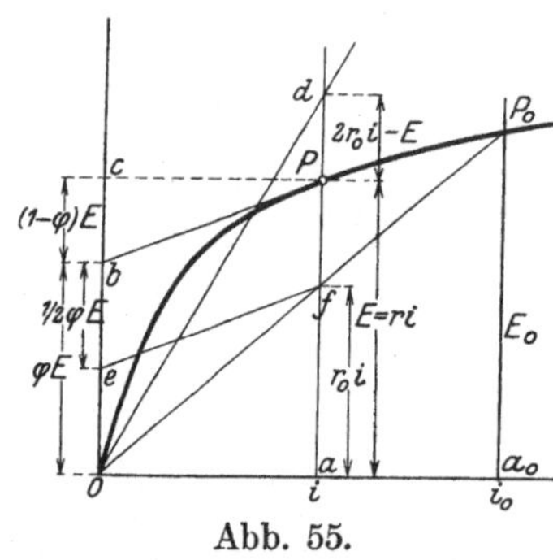

Abb. 55.

Hier wollen wir wieder den Sättigungsfaktor φ aus Gl. (2a) in § 27 einführen, indem wir in die dortige Definitionsgleichung die Spannung statt des Flusses einsetzen. Danach ist φ durch die Gleichung gegeben:

$$\varphi = 1 - \frac{i}{E}\,\frac{\mathrm{d}E}{\mathrm{d}i} \tag{7}$$

und $\varphi\,E$ ist die durch die Tangente im Punkte (E, i) auf der Ordinatenachse abgeschnittene Strecke $O\,b$ (siehe Abb. 55). Mit Einführung von φ erhält man die Bedingungsgleichung (6) in folgenden Formen:

$$(1 - \varphi)\, E = 2 r_0 i - E \tag{6a}$$

$$\frac{\varphi}{2}\, E = E - r_0 i = i\,(r - r_0) \tag{6b}$$

$$\frac{r}{r_0} = \frac{2}{2 - \varphi}. \tag{6c}$$

Zieht man nun einen Strahl für den doppelten Feldwiderstand*), so schneidet er die verlängerte Ordinate des Punktes P in d; eine Wagerechte durch den Punkt P trifft die Ordinatenachse in c; soll nun P der Punkt des größten Verlustes sein, so muß nach Gl. (6a) die Strecke $b\,c = P\,d$ sein. Der Strahl des Feldwiderstandes $O P_0$ trifft die Ordinate in f und eine Parallele zu der Tangente $P\,b$ durch f trifft die Ordinatenachse in e, und dies muß nach Gl. (6b) für den größten Verlust die Mitte des Abschnitts $O\,b$ sein. Mit ein wenig Probieren findet man sehr bald auf die eine oder andere Weise den richtigen Punkt.

Ist die Erregerspannung konstant, so wird $\varphi = 1$ und die Bedingung lautet:

$$E = 2\, r_0\, i \tag{8a}$$

$$r = 2\, r_0 \tag{8b}$$

Hierfür rücken die Punkte b und c zusammen, ebenso die Punkte d und P, und Punkt f liegt in der Mitte der Ordinate.

Die Höhe des größten Verlustes ist natürlich in jedem Falle leicht zu bestimmen. Bei konstanter Spannung U beträgt der Höchstverlust, wie man aus Gl. (8) und Gl. (5) leicht erhält:

$$V_m = \frac{1}{4}\, \frac{U^2}{r_0}. \tag{9}$$

IX. Feldregler für gegebenen Erregerstrom.

§ 46. Die Berechnung der Stufung. Bei Gleichstrom-Hauptschlußmaschinen ist bekanntlich die Feldwicklung mit dem Anker in Reihe geschaltet, so daß der Ankerstrom auch in der

---

*) Wenn wir hier vom Feldwiderstand sprechen, so soll hierin die schon erwähnte feste Stufe eingeschlossen, also der kleinste Widerstand des Regelbereichs gemeint sein.

Erregerwicklung fließt. Man könnte nun hier die Verbrauchsspannung dadurch verringern, daß man Widerstand vor den Anker schaltet. Dies würde aber einen gewaltigen Verlust ergeben, und um diesen zu vermeiden, schaltet man einen Widerstand parallel zur Feldwicklung, wodurch ein Teil des Stromes aus dieser abgelenkt und damit das Feld und die EMK der Maschine verringert wird. Die Anordnung des Widerstandes kann sowohl nach Abb. 56a als auch 56b getroffen werden.

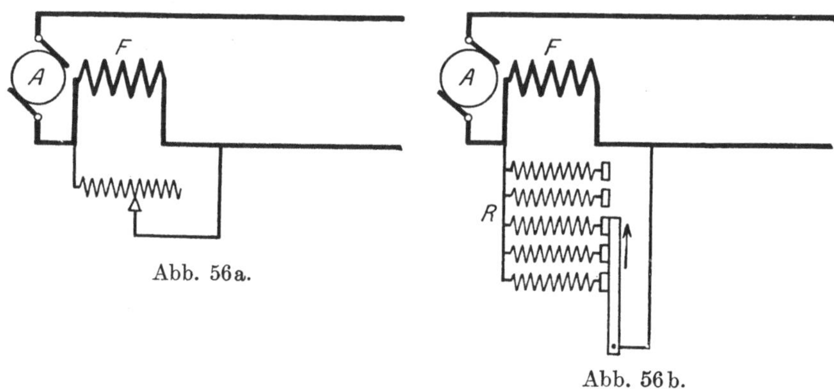

Abb. 56a.   Abb. 56b.

In Abb. 56a wird von den in Reihe liegenden Widerstandsstufen eine nach der anderen abgeschaltet, während in Abb. 56b jedesmal eine Stufe mehr zu den vorhergehenden parallel gelegt wird.

In Abb. 57a sei K_0 die Leerlaufkennlinie der Maschine, also ihre EMK als Funktion des Erregerstromes. Nun trägt man zunächst einen passenden Widerstandsmaßstab ein und vermerkt den Ankerwiderstand r_a (einschließlich Kompensations- und Wendepolwicklung), sowie den Widerstand der Erregerwicklung r_s durch je eine Wagerechte. Der normale Ankerstrom J_a sei durch die Abszisse AB gegeben und es soll ein solcher Widerstand parallel zur Erregerwicklung gelegt werden, daß der Erregerstrom $J_s = AN = CG$ beträgt, während der Strom $J_r = NB = GD$ durch den Widerstand geht. Man zieht nun die Gerade BG und verlängert diese bis zum Schnittpunkt F mit der Ordinatenachse, zieht durch F eine Wagerechte, welche die Senkrechte durch NG in Q schneidet, dann ist GQ der parallel zu schaltende Widerstand r. Wie man nämlich leicht erkennt, gilt die Proportion:

$$\frac{NG}{CF} = \frac{NB}{CG}$$

und hieraus folgt:

$$CF = \frac{NG \cdot CG}{NB} = \frac{r_s \cdot J_s}{J_r},$$

also ist $CF = GQ$ der Widerstand des Kreises, in welchem J_r fließt, also der Parallelwiderstand.

Zieht man jetzt die Gerade AD, so schneidet diese auf der Senkrechten durch N die Strecke NH ab und diese ist gleich dem Kombinationswiderstand R aus Erregerwicklung und Regler. Aus den verschiedenen Dreiecken folgen zunächst die Proportionen:

$$\frac{LM}{AC} = \frac{LG}{CG} = \frac{GQ}{NQ} = \frac{CG}{AB} = \frac{NH}{BD}.$$

Hieraus ergeben sich aber die folgenden Beziehungen:

$$\frac{1}{LM} = \frac{NQ}{AC \cdot GQ} = \frac{r_s + r}{r_s \cdot r} = \frac{1}{r_s} + \frac{1}{r};$$

$$NH = \frac{CG \cdot BD}{AB} = \frac{J_s \cdot r_s}{J_a} = R.$$

Da ferner die Proportionen ergeben, daß $LM = NH$ ist, so ist damit die Richtigkeit der Konstruktion bewiesen; die Strecke NH gibt den Kombinationswiderstand. Der gesamte Widerstand der Maschine ist nun $(R + r_a)$ und bringt einen Spannungsverlust $(R + r_a) J_a$ hervor. Zieht man diesen von der EMK (Kurve K_0) ab, so erhält man den Punkt P, und wenn man so weitere Punkte bestimmt, erhält man eine neue Kennlinie K, die für eine konstante Belastung der Maschine bei verschiedenen Erregungen gilt.

Stellt man nun die Forderung auf, daß durch Weiterschaltung um eine Stufe die Spannung der Maschine um ΔE abnehmen soll, so gelangen wir von P zu P' auf der Kennlinie K, und durch Herabloten von P' auf die Widerstandslinie R finden wir den Punkt Q'. Der senkrechte Abstand zwischen Q und Q' gibt den Widerstand Δr, um welchen der Parallelwiderstand verkleinert werden muß, während der wagerechte Abstand zwischen Q und Q' den Strom $\varDelta J$ darstellt, um welchen der Reglerstrom vergrößert, also der Erregerstrom verkleinert werden muß zur Erzeugung einer Spannungsverminderung um $\varDelta E$.

Diese Konstruktion ist vorteilhaft, wenn der Regler in der sonst üblichen Weise (siehe Abb. 56a) angeordnet ist, wobei die einzelnen Stufen in Reihe geschaltet sind. Dann gibt der oben gefundene Wert $\varDelta r$ den Widerstand der betreffenden Stufe an, die abgeschaltet werden soll. Gerade diese Regler für Hauptschlußmaschinen ordnet man aber häufig so an, daß die einzelnen Stufen parallel zueinander und zur Feldwicklung liegen (siehe Abb. 56b). In diesem Falle kann der oben gefundene Wert $\varDelta r$ ohne weiteres nichts nützen und es ist eine gewisse Umrechnung erforderlich, um den Widerstand der Stufe zu berechnen. die in diesem Falle dazugeschaltet werden muß, damit der Widerstand des Reglers um $\varDelta r$ kleiner wird. Für diese Anordnung empfiehlt es sich, statt mit Widerständen mit deren reziproken Werten, den Leitwerten, zu rechnen, die mit G bezeichnet werden mögen. Eine hierfür zweckmäßige zeichnerische Darstellung ist in Abb. 57b gegeben, wobei der Abszissenmaßstab derselbe wie in Abb. 57a ist. Es ist also wieder $\overline{Ob} = J_a$ der Ankerstrom, $nb = J_r$ der Reglerstrom in der augenblicklichen Stellung und $nn' = \varDelta J$ die Stromänderung infolge Zuschaltung einer Stufe. Nun trägt man den Leitwert der Erregerwicklung $G_s = \dfrac{1}{r_s}$ in einem passenden Maßstabe auf und zieht die Wagerechte cd, welche die im Punkte n errichtete Senkrechte in g schneidet. Ein Strahl, der vom Ursprung durch g gelegt wird, schneidet die Verlängerung der Senkrechten bd im Punkte q und nun haben wir in der Strecke dq den Leitwert G des Reglers. Dies geht daraus hervor, daß die Kotangente des Winkels qOb gleich der Spannung an den Klemmen des Reglers und der Feldwicklung ist, d. h. diese Spannung ist:

$$E_s = \frac{J_s}{G_s} = \frac{J_r}{G} = \frac{J_a}{G_s + G}. \tag{1}$$

Soll nun durch Zuschaltung der nächsten Stufe ein weiterer Strom $\varDelta J = gg'$ aus der Feldwicklung abgelenkt werden, so finden wir mittels eines Strahles von O durch g' den Punkt q' und erhalten

als neuen Leitwert des Reglers die Strecke $d\,q'$ und als Leitwert
der zugeschalteten Stufe die Strecke $q\,q' = \Delta G$.

Bei dieser Rechnung ist angenommen worden, daß die einzelnen Stufen dieselbe Spannung haben wie die Feldwicklung.

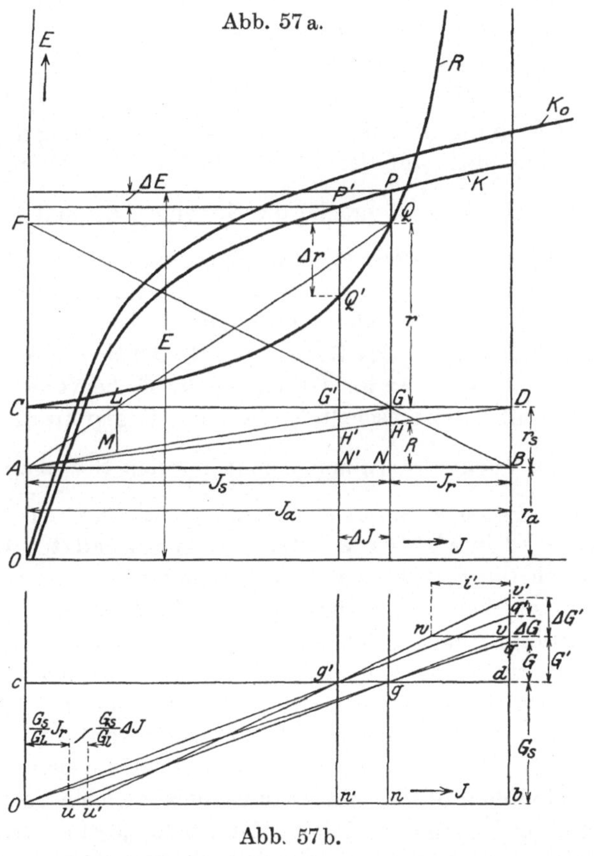

Abb. 57a.

Abb. 57b.

Dies trifft in Wirklichkeit nicht ganz zu, da auch Zuleitungen
vorhanden sein müssen, die einen gewissen Widerstand besitzen.
Bei der ersten Anordnung (Abb. 56a) hat dies nicht viel zu sagen,
da bei der Reihenschaltung der Widerstand der Zuleitungen einfach zur letzten Stufe gerechnet werden kann, und daher wird
diese Stufe um den genannten Betrag kleiner ausgeführt als berechnet. Bei der letzten Anordnung dagegen (Abb. 56b) liegt

die Zuleitung in Reihe zu einer jedesmal anderen Anzahl parallel geschalteter Stufen. Ist G_l der Leitwert der Zuleitung, G' der Leitwert des Reglers selbst, so ist die Klemmenspannung am Regler:

$$E_r = \frac{J_s}{G_s} - \frac{J_r}{G_l} = \frac{J_s - \dfrac{G_s}{G_l} J_r}{G_s} \; ; \qquad E_r = \frac{J_r}{G'} . \qquad (1\,\text{a})$$

Diese Gleichungen können wir in unserer Zeichnung darstellen; tragen wir nämlich auf der Abszissenachse vom Ursprung aus den Wert $\frac{G_s}{G_l} J_r$ ab, dies ergebe die Strecke $O\,u$, und legen nun einen Strahl von u durch g, so genügt dieser Strahl der ersten Gleichung für E_r. Verlängern wir diesen Strahl bis zum Schnittpunkt v mit der Senkrechten durch b, so ist die Strecke $d\,v$ gleich dem Leitwert G' des Reglers bei Berücksichtigung der Zuleitung, wie aus der zweiten Gleichung für E_r hervorgeht. Wird nun eine Stufe dazugeschaltet, die den Reglerstrom um $\varDelta J$ vermehrt, so rückt der Anfangspunkt für den Strahl um $\frac{G_s}{G_l} \varDelta J$ weiter zum Punkt u' und der Strahl von u' durch g' trifft die Senkrechte $b\,d$ in v'. Der Leitwert der zugeschalteten Stufe ist daher durch die Strecke $v\,v' = \varDelta G'$ gegeben.

Auf diese Weise kann man den Widerstand der einzelnen Stufen festlegen, und es handelt sich noch darum, die Abmessungen des zu verwendenden Materials zu bestimmen. Hierzu muß man den Strom kennen, den jede Stufe führen soll. Zieht man jetzt durch v eine Wagerechte, bis der Strahl durch v' in w getroffen wird, so erhält man in der Strecke $v\,w$ den Strom in der zugeschalteten Stufe, und zwar ist dies zugleich der höchste in der Stufe auftretende und daher für die Bemessung des Widerstandsmaterials in Betracht kommende Strom. Denn durch Zuschaltung einer weiteren Stufe wird die Spannung am Regler wegen des konstanten Gesamtstromes J_a kleiner und damit auch der Strom in der betrachteten Stufe.

§ 47. Die Reglergröße. Die Stufung dieses Reglers wurde oben durch die bewirkte Spannungsänderung festgelegt. Dadurch wird naturgemäß die Größe der einzelnen Stufen ungleich, und zwar sowohl ihr Widerstand als auch der durch jede Stufe aus der

Erregerwicklung abgelenkte Strom. Infolgedessen wird auch hier die Reglergröße W durch Addition der für die einzelnen Stufen erhaltenen Werte erhalten, also nach Berechnung des ganzen Widerstandes und auf recht umständliche Weise. Wir wollen jetzt versuchen, diesen Wert unmittelbar zu bestimmen. Zur Vereinfachung der Rechnung wollen wir wieder unendlich feine Stufung, also stetiges Regeln annehmen. Der hierdurch begangene Fehler dürfte gegenüber dem Regler mit endlicher Stufung im praktischen Falle nur wenige Prozent ausmachen, ist also für den beabsichtigten Zweck völlig vernachlässigbar. Es empfiehlt sich für diese Rechnung, die Widerstände r statt der Leitwerte $G = \dfrac{1}{r}$ wieder einzuführen, wobei derselbe Index benutzt werden soll. Statt der Gl. (1a) erhält man dann:

$$E_r = J_s r_s - J_r r_l; \qquad E_r = J_r r'. \tag{1b}$$

Nun ist die Reglergröße durch die Gleichung definiert:

$$W = \int_{r_2'}^{r_1'} J_r^2 \, \mathrm{d}r'.$$

Drückt man hierin den Widerstand r' mit Hilfe von Gl. (1b) und der Beziehung $J_s = J_a - J_r$ durch den Strom J_r aus, so erhält man:

$$r' = \frac{E_r}{J_r} = \frac{J_a r_s}{J_r} - r_s - r_l, \quad \text{also} \quad \mathrm{d}r' = -J_a r_s \frac{\mathrm{d}J_r}{J_r^2}$$

und damit ergibt sich:
$$W = \int_{J_{r_2}}^{J_{r_1}} J_r^2 J_a r_s \frac{-\mathrm{d}J_r}{J_r^2}$$

$$W = r_s J_a (J_{r_2} - J_{r_1}) = J_a (E_{s_1} - E_{s_2}). \tag{2}$$

Hierin bedeutet E_{s_1} und E_{s_2} die Spannung an der Feldwicklung zu Beginn und am Ende der Regelung, und damit haben wir eine zu Gl. (4), § 44 ganz analoge Formel. Dort handelte es sich um Änderung des Stromes von i_0 auf i_1 bei konstanter Spannung U, während hier die Spannung sich von E_{s_1} auf E_{s_2} bei konstantem Gesamtstrome J_a ändern soll.

§ 48. Der Verlust im Regler. Der für die Erwärmung des fertigen Reglers maßgebende Verlust beträgt bei Benutzung von Gl. (1 b):

$$V = J_r^2\, r' = J_a^2\, \frac{r_s^2\, r'}{(r_s + r_l + r')^2}. \tag{3}$$

Wenn hierin J_a konstant bleibt, wie wir es durchweg angenommen haben, so wird V ein Maximum, wenn

$$r' = r_l + r_s \tag{4}$$

ist, wie sich durch Nullsetzung des Differentialquotienten nach ergibt. Der Höchstwert der Verluste beträgt danach [durch Einsetzen des gefundenen Wertes von r' in Gl. (3)]:

$$V_m = J_a^2\, \frac{1}{4}\, \frac{r_s^2}{r_s + r_l}. \tag{5}$$

Kann man den Widerstand der Zuleitungen vernachlässigen, so hat man für $r_l = 0$ als Höchstverlust:

$$V_m = \frac{1}{4}\, J_a^2\, r_s = \frac{1}{4}\, \frac{J_a^2}{G_s}. \tag{5 a}$$

Die zweite Form ist wieder ganz analog der entsprechenden für konstante Spannung [Gl. (9), Abschnitt VIII] aufgebaut.

X. Feldregler für Motoren.

§ 49. Wenn Nebenschlußmotoren belastet werden, so steigt die Stromaufnahme und infolge des dadurch verursachten Ohmschen Spannungsverlustes sinkt die EMK, da ja die Klemmenspannung konstant bleibt. Die EMK ist aber, abgesehen von Wicklungskonstanten, durch das Produkt aus Kraftfluß und Drehzahl gegeben, und da der Kraftfluß konstant bleibt, sinkt die Drehzahl. Will man daher diese auf die frühere Höhe bringen, so muß man den Kraftfluß im selben Verhältnis verringern, und dies geschieht durch Vorschalten von Widerstand in den Erregerkreis. Oft wird auch eine wesentliche Steigerung der Drehzahl über den normalen Wert hinaus verlangt, und zwar auf das Doppelte oder Dreifache. Hierfür muß noch mehr Widerstand in den Erregerkreis geschaltet, das Feld noch mehr geschwächt werden.

Die Schaltung ist dieselbe wie in Abb. 46, wobei nur noch die Schaltung des Anlassers nach Abb. 19 zu berücksichtigen ist.

Ein Unterschied zwischen Feldreglern für Generatoren und solchen für Motoren ist nur insofern vorhanden, als es bei Motoren darauf ankommt, die Drehzahl zu verändern; man wird daher die Stufung des Reglers so ausführen, daß mit jeder Stufe

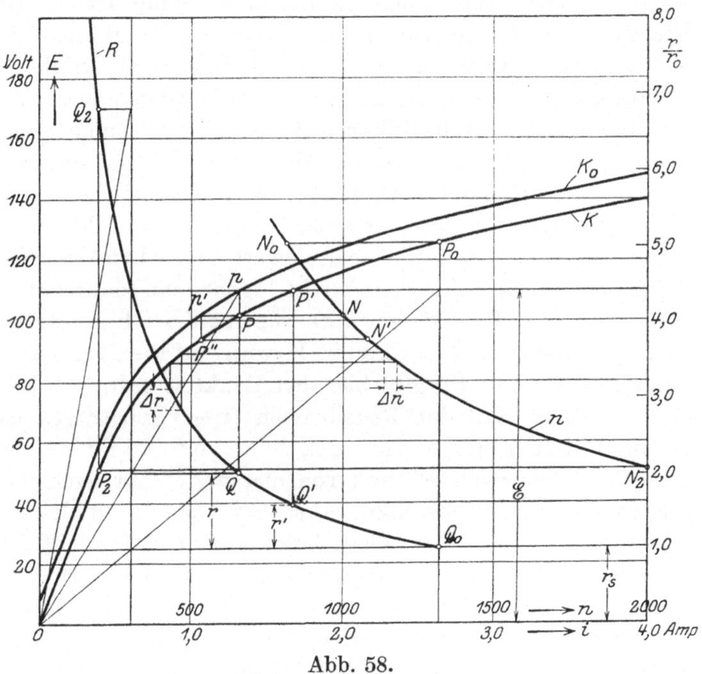

Abb. 58.

die Drehzahl um denselben Betrag geändert wird. Als Beispiel ist in Abb. 58 die Konstruktion für einen Nebenschlußmotor durchgeführt; es ist darin K die Kraftflußkennlinie des Motors, unter Annahme normaler Drehzahl auf Spannungsmaßstab umgerechnet, d. h. in diesem Falle die EMK des Motors bei normaler Drehzahl als Funktion des Erregerstromes. Die Kennlinie K_0 ist dieselbe wie K, jedoch für ideellen Leerlauf, also wenn der Ankerstrom null ist, umgerechnet. Die Klemmenspannung des Motors sei U. Dann ergibt sich zunächst die Widerstandslinie R genau wie für Fremderregung mit der Spannung U. Jetzt zeichnen wir eine Geschwindigkeitskurve des Motors ein, und zwar die jeweilige Drehzahl als Abszisse für den betreffenden Fluß (EMK) als Ordinate. Die normale Drehzahl sei 1000 in der Minute, dies ergebe den Punkt N mit derselben Ordinate, wie der normale Arbeitspunkt P. Der Regler muß dabei den Widerstand r (Punkt Q) besitzen. Bei konstanter Spannung ist das Produkt „Drehzahl $\times$ Kraftfluß" ebenfalls konstant; somit ist die Drehzahlkurve eine rechtwinklige Hyperbel, die sich leicht einzeichnen läßt. Als höchste Drehzahl, die durch Regeln erreicht werden soll, wurde für die Zeichnung die doppelte normale angenommen; dies ergibt Punkt N_2 der Drehzahlkurve, Punkt P_2 auf K und Punkt Q_2 auf der Widerstandslinie. Durch Abschalten des ganzen Regelwiderstandes kann man die Drehzahl auf N_0 verringern.

Handelt es sich nur um Konstanthaltung der Drehzahl zwischen Leerlauf und Vollast, so findet man den erforderlichen Widerstand wie folgt. Vom normalen Arbeitspunkt P geht man senkrecht hoch nach p auf Kurve K_0 und von dort wagerecht nach rechts zu K zurück. Der hier gefundene Punkt P' wird auf die Widerstandskurve herabgelotet und ergibt hier den Punkt Q' mit dem Regelwiderstand r', so daß der Regelbereich $(r - r')$ beträgt. Geht man vom Punkt P wagerecht nach links zum Punkt p', dann senkrecht abwärts nach P'' und von hier wagerecht nach rechts zum Punkt N' der Drehzahlkurve, so hat man damit die Leerlaufdrehzahl, die dem normalen Arbeitspunkt entspricht. Für die Stufung des Reglers geht man naturgemäß von der Drehzahlabstufung aus, die man zulassen will oder die gefordert ist. Einer Drehzahländerung $\varDelta n$ entspricht eine Widerstandsänderung $\varDelta r$, die man durch Herüberloten leicht bestimmen kann.

XI. Hauptstromregler für Motoren.

§ 50. Die im vorigen Abschnitte beschriebenen Feldregler gestatten, die Drehzahl eines Motors bis zu einer gewissen, durch die Sicherheit des Betriebes bedingten Grenze beliebig zu erhöhen. Es ist jedoch auf diese Weise nicht möglich, die Drehzahl des Motors auf wesentlich kleinere Werte als den normalen zu bringen. Will man den Motor unterhalb der normalen Drehzahl regeln, so muß man dem Anker einen entsprechenden Widerstand vorschalten. Das Verhalten des Motors in solchem Falle haben wir aber schon in den Abschnitten IV und V untersucht, und die dort gegebenen elektrischen Gesetze gelten natürlich auch hier. Nehmen wir etwa konstantes Drehmoment und daher auch konstanten Strom an, so erhalten wir aus Gl. (4) in § 22 für zwei aufeinanderfolgende Stufen:

$$U = E_\nu + i\,r_\nu = E_{\nu+1} + i\,r_{\nu+1}$$

oder mit Benutzung von Gl. (2) und (2a) desselben Abschnittes:

$$U = \frac{\omega_\nu}{\omega_s}\,U + i\,r_\nu = \frac{\omega_{\nu+1}}{\omega_s}\,U + i\,r_{\nu+1}.$$

Hieraus aber folgt dann leicht durch Entfernung des Stromes

$$\frac{r_{\nu+1}}{r_\nu} = \frac{\omega_s - \omega_{\nu+1}}{\omega_s - \omega_\nu}. \tag{1}$$

Nun muß man gewisse Annahmen über die Änderung der Geschwindigkeit machen, etwa daß diese mit jeder Stufe um denselben wirklichen oder auch um denselben verhältnismäßigen Betrag anwächst. Die Berechnung der Haupt- und der Nebenschlußmotoren ist in diesem Falle gleich, da wir ja konstanten Strom und damit auch bei Hauptschlußmotoren konstantes Feld voraussetzten. Es empfiehlt sich hier, die in Abb. 34 und 36, sowie in Abb. 44 und 45 gezeigte zeichnerische Methode zu benutzen; sie gewährt den großen Vorteil, daß man besser den Überblick über den Regelbereich und die Stufung behält. Viel mehr noch wird die Anwendung der zeichnerischen Methode notwendig, wenn das Lastdrehmoment sich mit der Drehzahl ändert. Schon beim Nebenschlußmotor würde man auf analytischem Wege sich die Berechnung des Widerstandes unnötig erschweren. Beim Hauptschlußmotor dagegen ist man wegen der Abhängigkeit des Feldes vom Ankerstrom auf den zeichnerischen Weg angewiesen. Zweckmäßig wird man sich hier erst eine Drehzahlkurve mit Hilfe der magnetischen Kennlinie des Motors entwickeln und auf dieser die Geschwindigkeitsstufen abgreifen, die man haben will.

Wird kein so großer Wert auf gute Drehzahlabstufung gelegt, so kann man auch den Anlasser zum Regeln benutzen. Die hiermit gegebenen Stufen kann man aus Abb. 36 für den Nebenschlußmotor ohne weiteres ablesen und aus Abb. 34 unter Benutzung der eben erwähnten Drehzahlkurve auch für den Hauptschluß motor. Selbstverständlich muß in diesem Falle der Anlaßwiderstand in dem erforderlichen Bereich für Dauerlast berechnet werden.

Die Regelung der Drehstrommotoren kann ebenfalls mit Hilfe des Anlaßwiderstandes oder eines an dessen Stelle eingeschalteten, mit Rücksicht auf die gewünschte Geschwindigkeitsstufung passend berechneten Regelwiderstandes geschehen. An dieser Stelle soll nicht näher auf diese Berechnung eingegangen werden, da alles dazu Notwendige schon in Abschnitt VI eingehend besprochen wurde.

XII. Lichtregler*).

§ 51. Die Berechnung der Stufung. In Anlagen, die Glühlampen speisen, muß an den Lampen eine möglichst konstante Spannung herrschen, da schon geringe Spannungsänderungen verhältnismäßig hohe Helligkeitsschwankungen hervorrufen. Sind nun die Lampenkreise durch längere Speiseleitungen mit der Stromquelle verbunden, so haben diese Leitungen je nach der Größe der Belastung einen verschieden großen Spannungsabfall und die Spannung der Stromquelle muß dementsprechend geändert werden, damit die Lampenspannung konstant bleibt. In der Nähe der Stromquelle sind jedoch auch Lampen zu versorgen, deren Spannung ebenfalls konstant zu halten ist. Um diesen veränderlichen Spannungsunterschied auszugleichen, muß in die Speiseleitung ein Widerstand gelegt werden, der der Belastung entsprechend eingestellt wird. Häufig soll außerdem noch der stromliefernde Generator eine Akkumulatorenbatterie laden, und zu diesem Zwecke muß seine Spannung in bestimmtem Maße erhöht werden. Diese zum Laden notwendige Mehrspannung muß aber wieder in der Leitung vernichtet werden, damit die Lampen nicht Schaden leiden, und hierzu ist ein weiterer

---

*) Eine zeichnerische Methode zur Bestimmung dieser Regler ist ebenfalls von Hunke[10]) gegeben worden, während eine analytische Berechnung von Stadelmann[26]) durchgeführt ist. In Ergänzung zu der letzteren Arbeit sind von Gesing[6]) die beiden für die Berechnung der Regler wichtigsten Funktionen berechnet und in Tabellenform zusammengestellt worden. Die im folgenden gegebene zeichnerische Darstellung ist gegenüber den Hunkeschen etwas abgeändert und derjenigen der Feldregler angenähert worden.

Widerstand erforderlich, der je nach der gerade herrschenden Ladespannung verändert werden kann.

In Abb. 59 sind diese Fälle in einem Schaltbild veranschaulicht. Gibt der Generator konstante Spannung, so muß der Regler R_1 die Veränderlichkeit des Spannungsabfalls in der Speiseleitung bei Laständerung ausgleichen, der Regler R_2 dagegen kommt in Wegfall. Soll der Generator auch Akkumulatoren laden oder will man seine Spannung aus anderen Gründen ver-

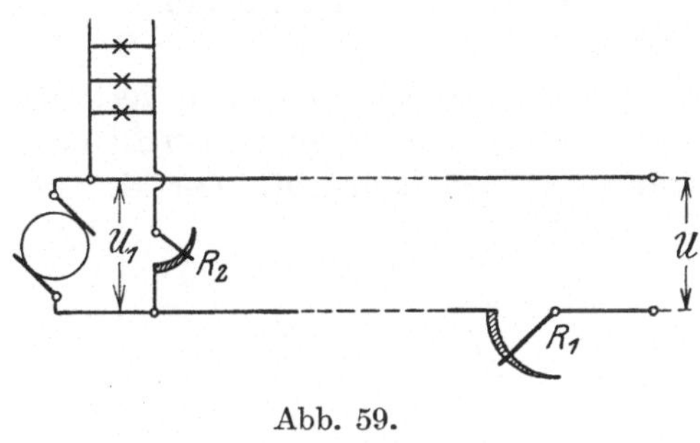

Abb. 59.

größern können, so muß der Regler R_1 außer dem Belastungsausgleich auch diese Mehrspannung aufnehmen und der Regler R_2 ist jetzt ebenfalls erforderlich.

Eine wichtige Forderung, die diese Regler erfüllen müssen, ist diejenige, daß eine obere Grenze der Spannungsschwankung beim Weiterschalten von einer Stufe zur nächsten nicht überschritten werden darf. Deshalb muß man den Regler für den höchsten vorkommenden Belastungsstrom i_0 berechnen. Entspricht der Regler hierbei der aufgestellten Forderung, so besitzt er bei anderen Belastungen eine etwas zu feine Stufung. Der bei dem Strome i_0 in der Zuleitung auftretende Spannungsverlust sei E_z, die übrige im Generator erzeugte Mehrspannung sei E_0, so daß also nach Abb. 59 und 60 die Beziehung $U_1 - U = E_0 + E_z$ gilt, dann trägt man sich in einem Koordinatensystem für die Abszisse i_0 die Spannung $(E_z + E_0)$ als Ordinate auf (Abb. 60). Ist e die zulässige Spannungsschwankung, so teilt man die Strecke E_0 in Teile von der Länge e und verbindet die Teilpunkte a_1, a_2, b', b durch Strahlen mit dem Ursprung. Es werde nun bei höchster Generatorspannung der größte Laststrom i_0 abgegeben, dann haben wir in unserer Zeichnung Abb. 60 den Punkt b. Werden jetzt Lampen abgeschaltet, so verringert sich der Strom und ihm proportional der Spannungsabfall in der Zuleitung und dem Regler; in der Zeichnung schreiten wir dabei von b auf dem Strahl bO in der Richtung auf O zu. Ist der

Punkt c' erreicht, so ist der Spannungsabfall um e kleiner geworden, und da die Maschinenspannung sich nicht änderte, haben die Lampen eine um e zu große Spannung. Wir müssen daher eine Reglerstufe zuschalten und damit die Lampenspannung auf ihren normalen Wert zurückführen. In der Zeichnung gelangen wir, da ja der Laststrom derselbe bleibt, zum Punkt c. Auf dieselbe Weise schreitet man fort und gelangt etwa bis zum Punkt k, der durch seinen Strahl nach O den höchsten Widerstand des Reglers angibt. Der kleinste unter den gestellten Be-

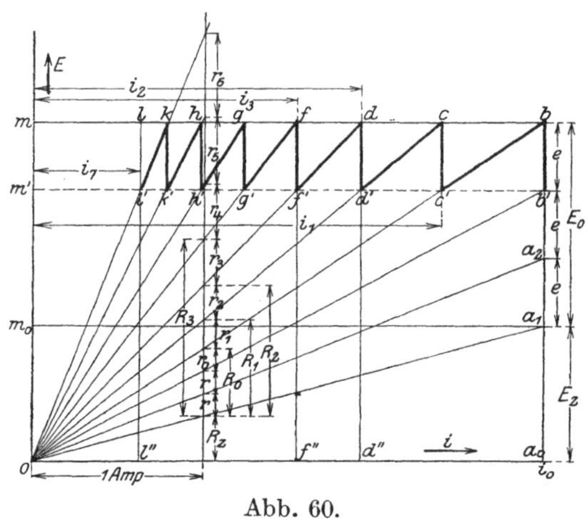

Abb. 60.

dingungen zulässige Strom ist dann durch den Punkt l' bestimmt, seine Größe durch die Strecke $m'\,l'$. Legen wir nun eine Senkrechte durch den Punkt 1 Amp., so gibt uns der Voltmaßstab der Zeichnung ohne weiteres auch den Widerstand in Ohm und wir können an den einzelnen Schnittpunkten der Strahlen mit der Senkrechten s die Größe der einzelnen Stufen ablesen. Ist der Punkt 1 Amp. auf der Zeichnung zu ungünstig gelegen, so empfiehlt es sich, statt dessen eine Zehnerpotenz (10 oder 100 Amp.) zu wählen.

Diese Darlegungen ermöglichen es uns auch sofort, die Berechnung des Reglers analytisch durchzuführen. Fassen wir den Übergang von der $(n-1)$ten auf die $n$te Stufe ins Auge, so gelten nach der Abb. 60 die Gleichungen:

$$E_0 + E_z = i_n\,(R_n + R_z) = i_n\,(R_{n-1} + R_z) + e = i_0\,(R_0 + R_z).$$

Zur Abkürzung werde

$$\frac{e}{E_z + E_0} = p \tag{1}$$

gesetzt, dann erhält man als Stromgleichung:

$$i_n = \frac{e}{R_n - R_{n-1}} = \frac{E_z + E_0}{R_z + R_n} = i_0 \cdot \frac{R_0 + R_z}{R_n + R_z} \tag{2}$$

und als Widerstandsgleichung:

$$r_n = R_n - R_{n-1} = p\,(R_z + R_n)\,. \tag{3}$$

Durch allmählich fortschreitende Entwicklung folgt hieraus:

$$R_n = \frac{R_{n-1}}{1-p} + \frac{p}{1-p}R_z = \frac{R_{n-2}}{(1-p)^2} + \frac{p}{(1-p)^2}R_z + \frac{p}{1-p}R_z$$

$$= \frac{R_{n-3}}{(1-p)^3} + \frac{p\,R_z}{(1-p)^3} + \frac{p\,R_z}{(1-p)^2} + \frac{p\,R_z}{1-p} = \cdots$$

Will man also rechts die $(n-\nu)$te Stufe haben, so ergibt sich leicht:

$$R_n = (1-p)^{-\nu}\,R_{n-\nu} + p\,R_z \sum_{\mu=1}^{\nu} (1-p)^{-\mu}\,.$$

Die Summe auf der rechten Seite ergibt nach der Formel auf S. 77 den Wert $\dfrac{1}{p}[(1-p)^{-\nu} - 1]$, so daß also schließlich

$$R_n + R_z = (1-p)^{-\nu}\,(R_{n-\nu} + R_z) \tag{4}$$

wird. Setzt man nun $\nu = n$, so enthält die Klammer rechts den bei höchstem Strom erforderlichen Widerstand, also ist:

$$R_n + R_z = (1-p)^{-n}\,(R_0 + R_z)\,. \tag{4a}$$

Da R_0 und R_z als bekannt und gegeben anzusehen sind, so kann der Gesamtwiderstand auf jeder Stufe nach Gl. (4a) berechnet werden. Aus Gl. (3) folgt dann der Widerstand der Stufe selbst; aus Gl. (2) erhält man schließlich den Strom

$$i_n = i_0 \cdot (1-p)^n\,, \tag{2a}$$

für welchen die Stufe berechnet werden muß. Hiermit sind jetzt alle Größen zur Berechnung des Reglers bekannt.

Die Darstellung gilt für den allgemeinen Fall, und es ist natürlich leicht, Sonderfälle sowohl zeichnerisch als auch rechnerisch hieraus abzuleiten. Die wichtigsten Sonderfälle sind die beiden folgenden:

1. $R_z = 0$; $E_z = 0$; der Widerstand der Zuleitungen ist vernachlässigbar gering, die Lampenkreise sind in unmittelbarer Nähe der Zentrale; die Generatoren werden für elektrolytische Anlagen gebraucht und haben veränderliche Spannung (Regler R_2 in Abb. 59).

2. $R_0 = 0$; $E_0 = 0$; die Generatorspannung bleibt konstant, aber die Lampen liegen in größerer Entfernung; der Regler muß die Änderung des Spannungsabfalls in den Speiseleitungen bei verschiedener Belastung ausgleichen.

§ 52. Die Reglergröße. In dem Augenblicke, in welchem die $n$te Stufe zugeschaltet wird, fließt in ihr der Strom i_n; hiernach muß der Querschnitt des Widerstandsmaterials bestimmt werden und die Menge des erforderlichen Materials ist von der Größe $i_n^2 r_n$ für eine gegebene Erwärmung abhängig. Aus Gl. (3), (4a) und (2a) erhält man hierfür den Ausdruck:

$$i_n^2 r_n = i_0^2 (R_0 + R_z) \, p \, (1 - p)^n, \qquad (5)$$

und um nun die Reglergröße W zu erhalten, muß man diesen Ausdruck über alle Stufen summieren. Dazu kommt allerdings dann noch der entsprechende Betrag für die zur Vernichtung der Mehrspannung E_0 erforderlichen Stufen. Somit wird die Reglergröße:

$$W = \sum_{n=0}^{n} i_n^2 r_n + i_0^2 (R_0 - r_0) . \qquad (6)$$

Diesen Ausdruck können wir uns aber leicht an Abb. 60 veranschaulichen. Nach Gl. (3) und (2) folgt zunächst, daß $r_n i_n = e$ ist, also kann $i_n^2 r_n$ beispielsweise für $n = 2$ durch die Fläche $m \, m' \, d' \, d$ dargestellt werden. Diese Fläche ist aber gleich dem Rechteck $f'' \, d'' \, d f$; denn für die ähnlichen Dreiecke $f' d' d$ und $O f'' f'$ ergibt sich die Proportion:

$$\frac{f' \, d'}{d' \, d} = \frac{O f''}{f'' \, f'} \qquad \text{oder} \qquad f' \, d' \cdot f'' \, f' = O f'' \cdot d' \, d,$$

woraus die Gleichheit der beiden Flächen ohne weiteres folgt. Daher gilt also die Gleichung:

$$i_n^2 r_n = i_n e = (i_n - i_{n+1}) (E_z + E_0) . \qquad (7)$$

Nun ist es aber sehr einfach, die Summe in Gl. (6) zu berechnen; es brauchen nur die zu den einzelnen Stufen gehörenden Flächenstreifen aneinandergereiht zu werden und die unmittelbare An-

schauung ergibt als Wert der Summe in Gl. (6) den Inhalt der
Fläche $l'' a_0 b l$ und dieser ist $(i_0 - i_{n+1})(E_0 + E_z)$. Das zweite
Glied von Gl. (6) kann ebenfalls durch eine Fläche in Abb. 60
dargestellt werden, nämlich durch das Rechteck $m_0 a_1 b' m'$,
dessen Flächeninhalt durch $(E_0 - e) i_0$ gegeben ist. Somit wird
schließlich:

$$W = (i_0 - i_{n+1})(E_0 + E_z) + i_0 (E_0 - e). \tag{6a}$$

Nimmt man die Stufe r_0 zum zweiten Gliede, so kann man diese
Gleichung auch schreiben:

$$W = (i_1 - i_{n+1})(E_0 + E_z) + i_0 E_0. \tag{6b}$$

Die entsprechenden Flächen können aus Abb. 60 ohne weiteres
abgelesen werden; in dieser Form kann man das erste Glied als
den zur Lastregelung und das zweite Glied als den zur Spannungs-
regelung erforderlichen Teil des Reglers auffassen.

§ 53. **Der Verlust im Regler.** Der im Regler auftretende Ge-
samtverlust beträgt
$$V = i_n^2 R_n \tag{8}$$
wenn die $n$te Stufe eingeschaltet und vollbelastet ist. Diesen
Ausdruck kann man mit Hilfe der Gl. (2) auch wie folgt umformen:

$$V = i_n^2 [R_n + R_z] - i_n^2 R_z = i_n [E_0 + E_z] - i_n^2 \frac{E_z}{i_0}. \tag{8a}$$

In der letzten Form für den Verlustausdruck ist nur noch i_n
veränderlich, und man erkennt aus ihr leicht, daß der Verlust
für einen bestimmten Strom ein Maximum werden muß. Mittels
der bekannten Methoden findet man, daß für diesen Strom die
Bedingung gilt:

$$\frac{i_n}{i_0} = \frac{1}{2} \cdot \frac{E_0 + E_z}{E_z} \qquad \text{oder} \qquad i_n R_z = \frac{1}{2}(E_0 + E_z). \tag{9}$$

Den hierdurch bestimmten Strom kann man in Abb. 60 sehr
bequem ablesen; es ist derjenige Strom, für welchen die Ordinate
des untersten Strahles $O a_1$, also der Spannungsabfall in den
Leitungen, gleich der Hälfte der in den Zuleitungen und im
Regler bei höchster Belastung zu vernichtenden Spannung ist.
Aus der Zeichnung ersieht man auch sofort, daß dieses Maximum
nur auftreten kann, wenn $E_z \gtrless E_0$ ist, sonst erhält man den
größten Verlust für den größten Strom i_0, also auf dem Punkt b

der Zeichnung. Dieser Verlust beträgt daher, wie sich durch
Einsetzen von Gl. (9) in (8a) findet:

$$\text{für } E_z \lessgtr E_0 ; \qquad V_m = i_0 E_0 , \tag{10a}$$

$$\text{für } E_z \gtrless E_0 ; \qquad V_m = \frac{(E_0 + E_z)^2}{4 R_z} = \frac{1}{4}\left(1 + \frac{R_0}{R_z}\right)^2 i_0^2 R_z . \tag{10b}$$

Für den Grenzfall $E_z = E_0$ geben selbstverständlich beide Formeln denselben Wert.

XIII. Besondere Regleranordnungen.

§ 54. Regler für großen Regelbereich. *a) Berechnung des Widerstandes.* In manchen Fällen ist es erwünscht, die Spannung von
Maschinen sehr weit, sogar bis auf null herunter, zu regeln. In diesen
Fällen ist Selbsterregung nicht anwendbar, denn wie aus Abb. 48 zu
erkennen, verschwindet die Spannung von einem verhältnismäßig
hohen Wert, nämlich von sagen wir 60 Volt, durch Zuschalten eines
sehr geringen Widerstandes ganz plötzlich. Es ist also Fremderregung
anzuwenden, wobei im allgemeinen die Spannung am Erregerkreise
konstant bleibt. Um nun hier einen genügend kleinen Strom zu
erhalten, muß man außerordentlich hohe Widerstände anwenden,
und für den Erregerstrom null wird der Widerstand unendlich.
Hierbei bleibt allerdings theoretisch die Reglergröße immer noch
endlich, wie wir in Abschnitt VIII gesehen haben. Praktisch jedoch
ist noch ein weiterer Umstand zu beachten: bei diesen kleinen
Strömen kann der zu verwendende Widerstandsdraht mit Rücksicht

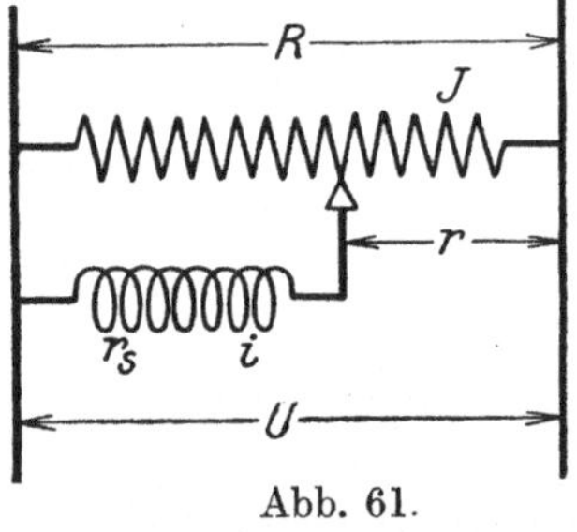

Abb. 61.

auf Festigkeit und Herstellbarkeit
nicht so schwach gewählt werden, daß
er die zulässige Erwärmung annimmt.
Das Material wird daher nicht ausgenutzt und der Regler wird außerordentlich groß.

Diese Schwierigkeit kann man nun
umgehen, wenn man die in Abb. 61
gezeigte Schaltung anwendet, die von
Kinzbrunner[17]) angegeben ist.

Hierbei wird ein Widerstand von grundsätzlich beliebiger Größe
an die Klemmenspannung gelegt und dann schließt man die
Erregerwicklung ähnlich wie beim Spartransformator (Auto-

transformator) an zwei passend gewählte Punkte des Widerstandes. Im allgemeinen wird man das eine Ende der Wicklung an das Netz legen und das andere Ende an einen Schleifkontakt am Widerstand, wie dies in dem Schaltbild Abb. 61 gezeigt ist. Es ist ohne weiteres erkennbar, daß auf diese Weise von voller Erregung bis auf null herunter geregelt werden kann.

Die Berechnung dieses Widerstandes führt man am einfachsten zeichnerisch durch. Man trägt sich zunächst die Kennlinie der Maschine auf und wählt den Gesamtwiderstand des Reglers. Nun berechnet man sich zu jedem Erregerstrom die zugehörige Stellung des Reglers und trägt den so ermittelten Wert r als neue Ordinate zu der schon vorhandenen Abszisse i auf. Nach dem Ohmschen Gesetz ist nämlich:

$$i\, r_s = U - J\, r = (J - i)\,(R - r)\,. \tag{1}$$

Durch Entfernung von J bzw. i aus diesen beiden Gleichungen erhält man die Ausdrücke:

$$i = \frac{U(R - r)}{R\,r - r^2 + R\,r_s}\,; \tag{2}$$

$$J = \frac{U(R - r + r_s)}{R\,r - r^2 + R\,r_s}\,. \tag{3}$$

Die Gl. (2) gibt uns die gewünschte Beziehung, aus welcher wir für jedes i das entsprechende r oder bequemer umgekehrt aus einem gewählten r das zugehörige i berechnen können. Wenn wir noch die zulässigen Spannungssprünge festlegen, so können wir jetzt sämtliche Stufen des Reglers bestimmen, wenigstens ihren Widerstand. Um aber auch die Materialmenge für jede Stufe festlegen zu können, muß uns auch der höchste Strom bekannt sein, der auf der betreffenden Stufe auftritt. Diesen Strom haben wir aber schon berechnet, er ist durch Gl. (3) gegeben; es ist daher zweckmäßig, J ebenfalls in die Zeichnung einzutragen, und zwar entweder als Funktion von r, wie es aus Gl. (3) zu berechnen ist, oder noch besser als Ordinate zu der gemeinsamen Abszisse i. Damit ist dann der Regler fertig entworfen.

In Abb. 62 ist $\dfrac{i}{i_0}$ als Funktion von $\dfrac{r}{R}$ für verschiedene Werte von $\dfrac{r_s}{R}$ aufgetragen, wobei $i_0 = \dfrac{U}{r_s}$ der höchstmögliche Erregerstrom ist. Diese Darstellung zeigt, daß bei hohen Werten $\dfrac{r_s}{R}$, also bei kleinem Regelwiderstande R, der Erregerstrom i sich nahezu linear mit der Stellung der Reglerkurbel ändert. Bei sehr hohem Widerstande R $\left(\text{also kleinem Werte } \dfrac{r_s}{R}\right)$ ist dagegen die Stromänderung sehr ungleichmäßig. Zu Beginn der Regelung, d. h. bei kleinem Widerstand $\dfrac{r}{R}$, ändert sich der Strom außerordentlich stark, während bei großem $\dfrac{r}{R}$ der Strom selbst bei

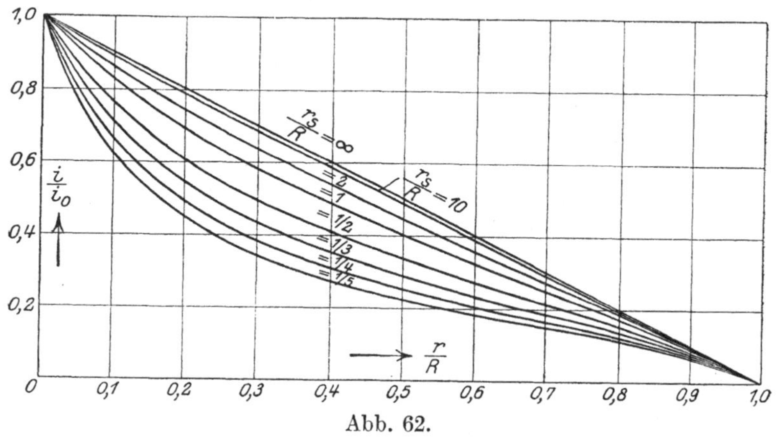

Abb. 62.

großen Widerstandsstufen sich fast gar nicht mehr ändert; der Regler wird also in diesem Bereich sehr unempfindlich. Die Art der Empfindlichkeit des Reglers ist jedoch nicht die einzige Bedingung, die bei der Wahl von R mitspricht, sondern es sind auch die auftretenden Verluste zu berücksichtigen.

b) Reglergröße und Verluste. Der höchste Strom tritt in einer Stufe dann auf, wenn diese der Erregerwicklung eben vorgeschaltet ist; es ist dies also der Strom J und wir erhalten daher als Reglergröße den Ausdruck:

$$W = \int_0^R J^2 \, dr \, . \tag{4}$$

Hierin ist J aus Gl. (3) einzusetzen und die Integration auszuführen. Die Lösung des Integrals ist nicht schwer und kann mit Hilfe bekannter Integralsammlungen bestimmt werden. Die Lösung jedoch im einzelnen hier durchzuführen, würde nur unnötig

Platz wegnehmen und daher soll nur das Endergebnis hingeschrieben werden. Bezeichnet $W_s = \dfrac{U^2}{r_s}$ den größten Verlust in der Erregerwicklung (wenn diese nämlich an der vollen Klemmenspannung liegt) und setzt man zur Abkürzung $\dfrac{r_s}{R} = a$, so wird die Reglergröße:

$$\frac{W}{W_s} = 1 + \frac{2\,a^2}{4\,a + 1} + \frac{4\,a^3}{(4\,a + 1)^{\frac{3}{2}}} \cdot \ln \frac{\sqrt{4\,a + 1} + 1}{\sqrt{4\,a + 1} - 1}. \tag{5}$$

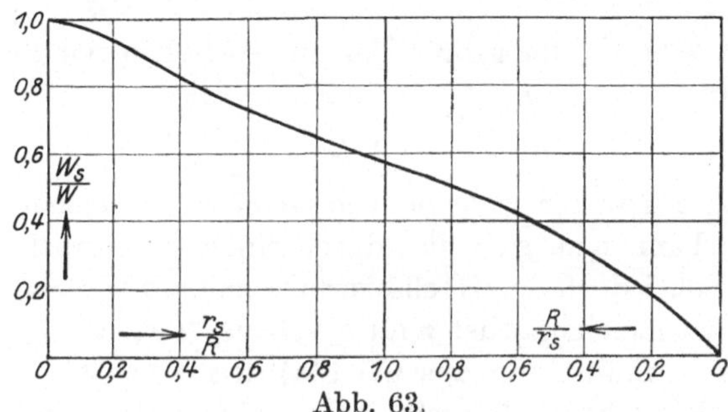

Abb. 63.

In Abb. 63 ist der reziproke Wert $\dfrac{W_s}{W}$ als Funktion von $\dfrac{r_s}{R} = a$ bzw. von $\dfrac{1}{a}$ aufgetragen, und zwar wurde diese Darstellung gewählt, um den gesamten Bereich in dem Kurvenbild vereinigen zu können. Aus der Kurve geht hervor, daß der Regler um so größer wird, je kleiner man R wählt, und es ist daher vorteilhaft, $\dfrac{R}{r_s}$ möglichst groß zu wählen.

Der in dem Regler auftretende Verlust, der seine Erwärmung für eine bestimmte Stellung bedingt, beträgt:

$$V = J^2\,r + (J - i)^2\,(R - r). \tag{6}$$

Mit Hilfe der Gl. (2) und (3) kann man dies auch umformen in

$$V = \frac{U^2}{R}\left[1 + \frac{r\,(R - r)^3}{(R\,r - r^2 + R\,r_s)^2}\right]. \tag{6a}$$

Der Verlust ist also gleich $\dfrac{U^2}{R}$, wenn der Reglerhebel so steht, daß $r = 0$ oder $r = R$ ist, d. h. am Anfang und am Ende der

Regelung. In allen Zwischenstellungen ist der Verlust größer als dieser Wert. Er wird am größten, wenn die Bedingung erfüllt ist:

$$r\,(R - r) = r_s\,(R - 4\,r)\,. \tag{7}$$

Hieraus erkennen wir ohne weiteres, daß der größte Verlust auf alle Fälle im ersten Viertel des Regelbereichs $\left(r < \dfrac{R}{4}\right)$ auftreten muß. Eine weitere einfache Überlegung an Hand der Gl. (6a) führt dann leicht zu dem Ergebnis, daß der größte Verlust unter allen Umständen kleiner als $\left(\dfrac{U^2}{R} + \dfrac{1}{4}\,\dfrac{U^2}{r_s}\right)$ sein muß. Ist also V_m der größte Verlust, so haben wir die folgende Bedingung

$$\frac{U^2}{R} < V_m < \left(\frac{U^2}{R} + \frac{1}{4}\,\frac{U^2}{r_s}\right) \tag{8}$$

und diese dürfte für viele praktische Fälle ausreichen. Am bequemsten kann man sich dies durch einige Zahlenbeispiele klarmachen. Soll jedoch der Höchstverlust genauer berechnet werden, so berechnet man zunächst r für gegebene Werte von R und r_s aus Gl. (7) und erhält dann aus Gl. (6a) den Verlust.

Aus allen diesen Betrachtungen geht hervor, daß es nicht einen Regelwiderstand gibt, der besonders vorteilhaft ist. Sowohl Reglergröße, also Materialmenge und damit Anschaffungskosten, als auch die Verluste und damit die Betriebskosten, werden um so kleiner, je größer man R wählt. Wie wir aber vorhin gesehen haben, wird jedoch die Regelbarkeit um so besser, je kleiner R gemacht wird. Zwischen diesen beiden gegensätzlichen Forderungen muß man je nach dem Gewicht, das man der einen oder der anderen in einem besonderen Falle beimißt, einen passenden Mittelwert wählen. Es sei hier noch erwähnt, daß Natalis[22]) empfiehlt, $\dfrac{R}{r_s} = 5$ zu machen. Nach unserer Abb. 62 dürfte dies aber der äußerste Grenzwert sein, und es wird in den meisten Fällen vorteilhaft sein, $\dfrac{R}{r_s}$ zwischen etwa 2 und 5 zu wählen.

§ 55. Grob- und Feinregelung. Um einen Regler mit einer möglichst hohen Stufenzahl und dabei doch geringer Anzahl von Kontakten zu erhalten, hat man folgenden Weg eingeschlagen. Man teilt den gesamten erforderlichen elektrischen Widerstand R in eine geringe Anzahl n grober Stufen. Dann bringt man einen weiteren Widerstand an, der eine feine Einteilung erhält und jedesmal der entsprechenden Stufe des grobgeteilten Widerstandes vorgeschaltet wird.

Ein Schaltbild dieser Anordnung ist in Abb. 64 gegeben. Soll nun etwa der Widerstand jeder feinen Stufe r Ohm betragen, so muß man den Widerstand jeder groben Stufe, also $\dfrac{R}{n}$, in $\dfrac{R/n}{r}$ Stufen teilen; die Feinregelung kann eine Stufe weniger erhalten, da die letzte Stufe durch Vorschalten einer neuen groben Stufe erreicht wird, wobei gleichzeitig die Feinregelung abgeschaltet wird. Hiernach muß also die Beziehung bestehen:

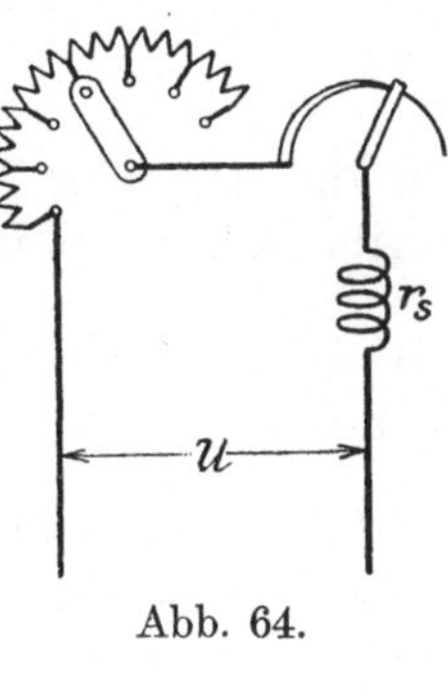

Abb. 64.

$$R = n\,(m + 1)\,r, \tag{9}$$

wenn m die Anzahl der Stufen des Feinreglers ist. Für den Leiterquerschnitt des grobstufigen Widerstandes ist der Strom maßgebend, der ohne Vorschaltung des Feinreglers auftritt. Also gilt für die νte Stufe der Strom:

$$i_\nu = \frac{U}{\dfrac{\nu}{n}\,R + r_s}, \tag{10}$$

wenn U die Klemmenspannung ist und r_s der Widerstand der Feldwicklung. Der größte Verbrauch der νten Stufe, der für ihre Materialmenge maßgebend ist, beträgt daher:

$$W_\nu = \frac{U^2\,\dfrac{R}{n}}{\left(\dfrac{\nu}{n}\,R + r_s\right)^2}. \tag{11}$$

Wenn man diesen Ausdruck für alle Stufen berechnet und diese Werte addiert, so erhält man denjenigen Verbrauch, der die gesamte Materialmenge des Widerstandes bestimmt. Die Größe des Grobreglers wird daher durch den Ausdruck gegeben:

$$W_1 = \sum_{\nu=1}^{n} \frac{U^2\,\dfrac{R}{n}}{\left(\dfrac{\nu}{n}\,R + r_s\right)^2}. \tag{11a}$$

Dazu kommt noch der feinstufige Widerstand. Hierfür sind die Leiterquerschnitte nach demjenigen Strom zu wählen, der bei abgeschaltetem Grobregler auftritt. Dieser Strom beträgt:

$$i_\mu = \frac{U}{\mu\, r + r_s} \tag{12}$$

für die μte feine Widerstandsstufe. Die Größe des Feinreglers ergibt sich daher in entsprechender Weise wie oben zu:

$$W_2 = \sum_{\mu=1}^{m} \frac{U^2\, r}{(\mu\, r + r_s)^2}. \tag{13}$$

Die Summierung auszuführen wollen wir hier gar nicht erst versuchen, da beim Grobregler nur sehr wenige Stufen vorhanden sind, die man am besten einzeln berechnet und zusammenzählt. Beim Feinregler kann man es zwar ebenso machen, doch läßt sich hier auch leicht ein oberer Grenzwert bestimmen, der wegen der Feinheit der Stufen nicht viel von der Wirklichkeit abweicht. Diesen Grenzwert erhält man durch Annahme einer stetigen Regelung (unendlich feine Stufung). Dann ist die Reglergröße, wie ohne weiteres verständlich:

$$W_2 = \int_0^{\frac{R}{n}} i^2 \, \mathrm{d}r. \tag{14}$$

wobei r jetzt den eingeschalteten Teil des Feinreglers bedeutet, der den Strom i führt. Dieser Strom wird am größten, wenn der Grobregler abgeschaltet ist und beträgt dann

$$i = \frac{U}{r + r_s}. \tag{15}$$

Die Klemmenspannung U setzen wir als konstant voraus und erhalten daher:

$$W_2 = \int_0^{\frac{R}{n}} \frac{U^2 \, \mathrm{d}r}{(r + r_s)^2} = -U^2 \left[\frac{1}{r + r_s}\right]_0^{\frac{R}{n}}$$

und mit Einsetzung der Grenzen und leichter Umformung:

$$W_2 = \frac{U^2}{r_s} \cdot \frac{R}{R + n r_s}. \tag{16}$$

Dieser Wert gibt, wie schon gesagt, eine obere Grenze, denn ein Regler mit endlicher Stufung erfordert stets weniger Material als ein solcher mit unendlich feiner Stufung (stetige Regelung). Dies ergibt sich ohne weiteres bei kurzer Überlegung. Bei genügend feiner Stufung, wie sie für den Feinregler in Betracht kommt, ist jedoch der Unterschied praktisch nicht wesentlich. Merklich wird aber die Ersparnis an Material beim Grobregler gegenüber der stetigen Regelung. Diese Ersparnis wird nun jedoch durch den Feinregler mehr als wett gemacht; der Gesamtbedarf an Widerstandsmaterial für beide Regler zusammen ist auf jeden Fall größer als für einen stetigen Regler, also praktisch einen solchen mit sehr vielen Stufen.

Der Hauptvorteil dieser Anordnung ist nun aber der, daß man eine sehr geringe Zahl von Kontakten erhält. Der gesamte vorschaltbare Widerstand ist $(R + m\,r)$, und daher wird die Stufenzahl mit Benutzung von Gl. (9):

$$N = n(m + 1) + m = (n + 1)(m + 1) - 1\,. \tag{17}$$

Die Kontaktzahl aber ist:

$$k = (n + 1) + (m + 1)\,. \tag{18}$$

Wählt man etwa $n = 6$ und $m = 20$, so erhält man $N = 146$ Stufen mit insgesamt $k = 28$ Kontakten. Würden wir dagegen $n = 8$ und $m = 16$ genommen haben, so hätten wir $N = 152$ Stufen mit $k = 26$ Kontakten erhalten, also mehr Stufen mit weniger Kontakten. Dies legt den Gedanken nahe, daß es hier eine Stufenverteilung gibt, die einem Minimum an Kontakten entspricht. Das ist auch tatsächlich der Fall, und zwar erhalten wir die geringste Zahl von Kontakten, wenn $m = n$ ist, wie eine ganz einfache Rechnung zeigt. Machen wir also etwa $n = m = 12$, so haben wir wieder $k = 26$ Kontakte und die Stufenzahl wird $N = 168$. Im praktischen Falle ist im allgemeinen der größte und kleinste Regelstrom gegeben und damit auch der Gesamtwiderstand $(R + m\,r)$. Ferner wird man die größte Stromänderung einer Stufe festlegen. Diese tritt bei Zuschaltung der ersten Stufe r auf, wenn der Grobregler nicht im Kreise ist. Damit ist auch r gegeben und somit nach dem Vorhergehenden auch N; dann wählt man n unterhalb des günstigsten Wertes, um an Material zu sparen, und kann dann den Regler im einzelnen festlegen.

Ein Mangel dieser Anordnung ist, daß die Stufen alle gleich groß sein müssen. Der größte Teil des Reglers wird daher eine zu feine Stufung besitzen, doch wird man dies gegenüber den anderen Vorteilen häufig gern in Kauf nehmen.

§ 56. Regler mit verbesserter Materialausnützung. In Abb. 65 ist eine Regleranordnung dargestellt, die von Richter[25]) an-

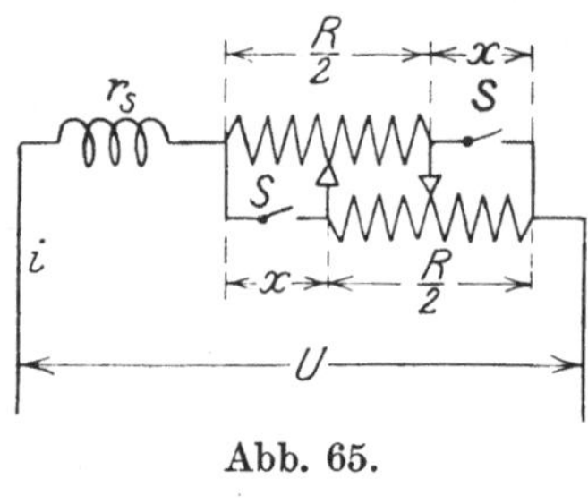

Abb. 65.

gegeben ist. Dieser Regler ist in der folgenden Art zu verwenden. Die Schalter S seien offen (Bereich I) und der untere Widerstand ganz nach rechts geschoben $\left(x = \dfrac{R}{2}\right)$. Dann beträgt der gesamte vorgeschaltete Widerstand R. Wird nun x allmählich verkleinert, so ist ein Teil des Widerstandes in zwei Zweige parallel geschaltet und der Rest in Reihe dazu, bis schließlich $x = 0$ geworden ist. Der Widerstand hat von R auf $\dfrac{R}{4}$ abgenommen. Jetzt werden die beiden Schalter S geschlossen (Bereich II), und x nimmt wieder zu; dann sind die vorher in Reihe liegenden Teile kurzgeschlossen, und der Widerstand nimmt weiter ab, bis er für $x = \dfrac{R}{2}$ null geworden ist. Die Anordnung läßt schon ohne weiteres erkennen, daß das Material besser ausgenützt und daher weniger davon benötigt wird; doch kann man dies auch leicht nachweisen.

Zunächst gelten die Gleichungen:

$$\text{Bereich I:}\quad U = i_0\left(r_s + \frac{R}{4}\right) = i_I\left(r_s + \frac{R}{4} + \frac{3}{2}x\right),\quad (19\,\mathrm{a})$$

$$\text{„}\quad \text{II:}\quad U = i_0\left(r_s + \frac{R}{4}\right) = i_{II}\left(r_s + \frac{R}{4} - \frac{1}{2}x\right),\quad (19\,\mathrm{b})$$

worin i_0 der Strom für $x = 0$ ist. In Abb. 66 ist der Strom i als Funktion der Kontaktstellung dargestellt, wobei verschiedene Werte des Gesamtwiderstandes R angenommen sind. Im Bereich I fließt dieser Strom durch das gerade unter der Bürste liegende Widerstandselement in voller Höhe und ist daher für dessen Materialmenge maßgebend. Im Bereich II sind dagegen

bei jeder Kurbelstellung zwei parallele Widerstandszweige vom
Strom durchflossen, so daß für das Widerstandselement nur der
halbe Strom zu rechnen ist. Dieser halbe Strom ist nun in Abb. 66
ebenfalls und zwar gestrichelt eingetragen. Vergleichen wir jetzt
die in einem gegebenen Falle (nehmen wir etwa $R = 2\,r_s$ an) für die Bemessung des Widerstandes in Betracht kommenden Stromkurven, so sehen wir, daß bei kleinen Werten von x im Bereich I der größere Strom auftritt, während bei größerem x dies für Bereich II zutrifft. Den geringsten Strom erhält dasjenige Element, bei welchem der Strom in beiden Bereichen denselben Wert hat, wo also die Stromkurve von Bereich I die zugehörige gestrichelte Kurve schneidet. Nennen wir diesen Punkt x_0, so muß also hierfür $i_I = \tfrac{1}{2}\,i_{II}$ sein, und diese Bedingung ergibt

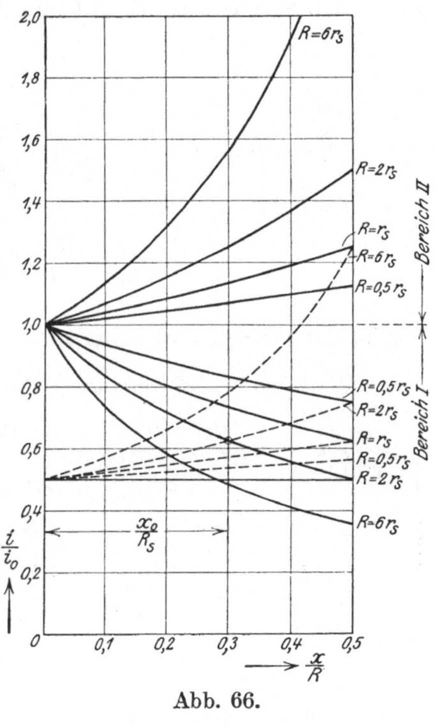

$$x_0 = \frac{2}{5}\left(r_s + \frac{R}{4}\right). \qquad (20)$$

Abb. 66.

Für das gewählte Beispiel ($R = 2\,r_s$) wird also $x_0 = 0{,}3\,R$. Der
an diesem Punkte auftretende Strom beträgt $\tfrac{5}{8}\,i_0$ und behält
diesen Wert für jedes beliebige R, wie auch in Abb. 66 deutlich erkennbar.

Wie nun nach dieser Überlegung ohne weiteres verständlich,
ist die Reglergröße einer derartigen Widerstandsanordnung durch
den folgenden Ausdruck gegeben:

$$W = 2\int_0^{x_0} i_I^2\,\mathrm{d}x + 2\int_{x_0}^{\frac{R}{2}} \left(\frac{i_{II}}{2}\right)^2\mathrm{d}x\,.$$

Setzt man zur Vereinfachung

$$W_0 = \frac{U^2}{r_s},\tag{21}$$

führt den Strom aus Gl. (19) ein und integriert, so erhält man

$$\frac{W}{W_0} = \int_0^{x_0} \frac{2\,r_s\,\mathrm{d}x}{\left(r_s + \dfrac{R}{4} + \dfrac{3}{2}x\right)^2} + \int_{x_0}^{\frac{R}{2}} \frac{1}{2}\,\frac{r_s\,\mathrm{d}x}{\left(r_s + \dfrac{R}{4} - \dfrac{1}{2}x\right)^2},$$

$$\frac{W}{W_0} = \frac{r_s + R}{4r_s + R} \quad \text{für} \quad R \gtreqless r_s.\tag{22a}$$

Die in der Grenze vorkommende Größe x_0 ist hier schon durch ihren Wert in Gl. (20) ersetzt. Für $R = r_s$ wird $x_0 = \dfrac{R}{2}$, d. h.

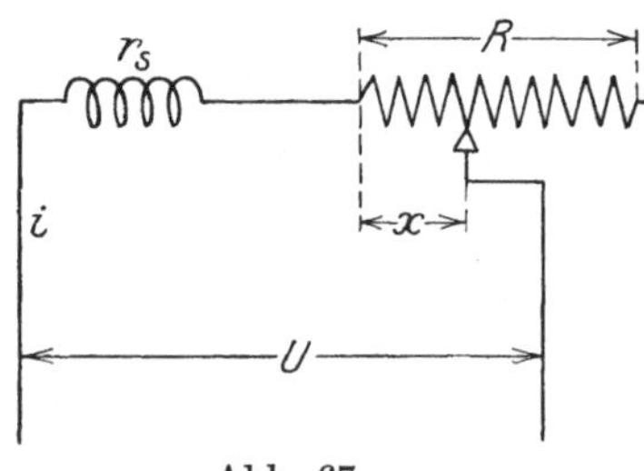

Abb. 67.

der Schnittpunkt der i_I-Kurve und der gestrichelten für $\dfrac{i_{II}}{2}$ fällt an das Ende der Kontaktbahn, das zweite Integral verschwindet. Wird $R < r_s$, so liegt die gestrichelte Kurve gänzlich unterhalb der Stromkurve im Bereich I, und nur dieser kommt für die Bemessung des Widerstandes in Betracht. Man erhält dann

$$\frac{W'}{W_0} = \frac{r_s\,R}{\left(r_s + \dfrac{R}{4}\right)(r_s + R)} \quad \text{für} \quad R \leqq r_s.\tag{22b}$$

Nun wollen wir noch die entsprechende Gleichung für die übliche Anordnung ableiten, die in Abb. 67 dargestellt ist. Hierfür wird

$$W_n = \int_0^R i^2\,\mathrm{d}x = W_0 \int_0^R \frac{r_s\,\mathrm{d}x}{(r_s + x)^2} = W_0 \cdot \frac{R}{r_s + R},\tag{23}$$

und nun bilden wir das Verhältnis der Ausdrücke in Gl. (22)
und (23):

$$\frac{W}{W_n} = \frac{(r_s + R)^2}{R(4\,r_s + R)} \quad \text{für} \quad R \gtrless r_s, \qquad (24\text{a})$$

$$\frac{W'}{W_n} = \frac{4\,r_s}{4\,r_s + R} \quad \text{für} \quad R \leqq r_s. \qquad (24\text{b})$$

Eine genauere Untersuchung dieser Ausdrücke zeigt, daß $\dfrac{W'}{W_n}$
von 1 auf 0,8 fällt, wenn R von 0 auf r_s anwächst, daß ferner
$\dfrac{W}{W_n}$ von 0,8 auf 0,75 fällt, wenn R von r_s bis $2\,r_s$ steigt $\Big($bei
$R = 2\,r_s$ hat $\dfrac{W}{W_n}$ ein Minimum$\Big)$, und daß es von 0,75 bis 1 für
unbegrenzt wachsende R wieder ansteigt. Da also das Verhältnis
$\dfrac{W}{W_n}$ stets kleiner als eins ist, so folgt, daß bei Richters Anordnung
etwas Material gegenüber der einfachen nach Abb. 67 erspart wird.
Doch ist dies nicht der einzige Gesichtspunkt, nach welchem ein
Regler zu beurteilen ist. In der Praxis wird ein Regler im allgemeinen
mit einer endlichen Stufenzahl ausgeführt, und die einzelne Stufe ist
nach dem Stromsprung zu bemessen, den man zulassen will. Da
nun der Stromanstieg in den beiden Bereichen verschieden ist, so
wird der Widerstand in dem einen Bereich zu fein abgestuft sein,
um dem andern zu genügen. Der Regler wird also mehr Kontakte
haben müssen als ein gewöhnlicher. Dazu kommen die beiden in
Abb. 65 angedeuteten Schalter S, so daß die Ersparnis an Material
auf diese Art wieder aufgehoben wird.

§ 57. Stufenschalter für große Ströme. Sollen Regler für
große Stromstärken entworfen werden, so bietet vor allem der
Aufbau des Stufenschalters Schwierigkeiten. Wegen des hohen
Stromes sind die zu unterbrechenden Leistungen recht beträchtlich, so daß die Kontakte sich schnell abnutzen. Um diesen
Übelstand zu verringern, hat Ritz*) vorgeschlagen, den Widerstand in zwei parallelen Zweigen aufzubauen, deren jeder an
eine besondere Kontaktreihe angeschlossen ist. Die Kontakte
dieser beiden Reihen sind nun abwechselnd aufeinanderfolgend
in e i n e r Reihe auf dem Stufenschalter befestigt, wie dies in der

---

*) D. R. P. Nr. 193597 vom 21. 4. 1906, Siemens-Schuckert-Werke, Berlin.

Abb. 68 dargestellt ist. Hierbei hat man den Vorteil, daß man Widerstand und Kontakte für den halben Strom bemessen kann. Die Bürste dagegen muß den vollen Strom führen und wird so breit gemacht, daß sie zwei Kontakte überdeckt. In der gleichen

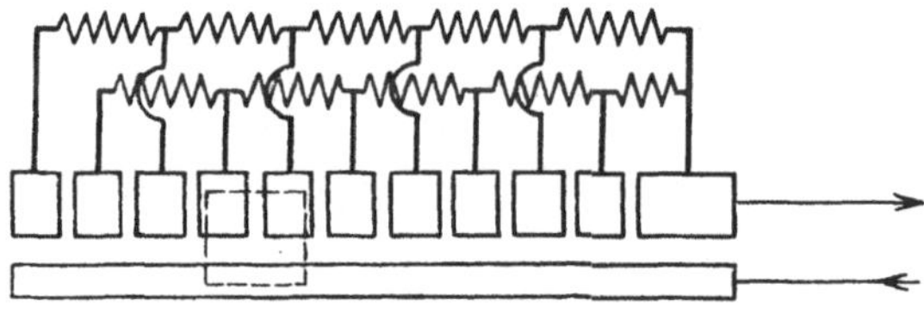

Abb. 68.

Weise kann man natürlich Widerstand und Kontakte statt in zwei auch in drei oder vier Gruppen aufteilen, oder man kann je nach dem Strom einen Teil des Reglers in üblicher Weise und den übrigen Teil in zwei- oder mehrfacher Unterteilung ausführen.

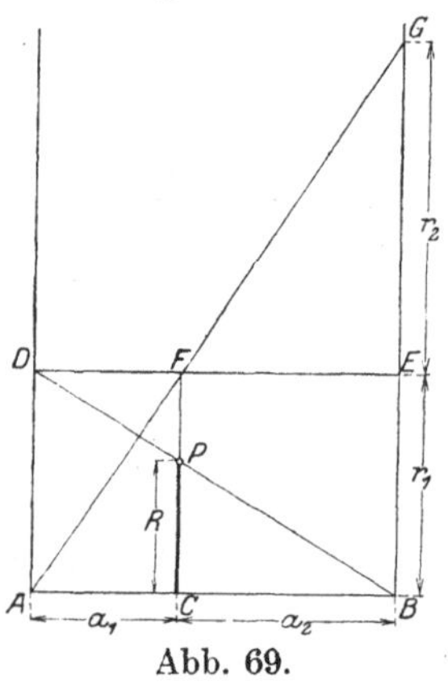

Abb. 69.

Die Berechnung dieses Widerstandes erscheint auf den ersten Blick etwas schwierig. Man kann sich jedoch viel Arbeit sparen und, was noch wichtiger ist, einen wesentlich besseren Überblick gewinnen, wenn man die in § 46 angewandte zeichnerische Methode benutzt. Diese wurde in Abb. 57a für einen besonderen Fall benutzt und beruht auf folgenden, in Abb. 69 hierneben dargestellten Beziehungen. Man trägt eine beliebige Strecke AB auf und errichtet in ihren Endpunkten Senkrechte. Sind r_1 und r_2 die parallel zu schaltenden Widerstände, so trage man auf der Senkrechten in B zunächst r_1 ab, ziehe im Endpunkt E eine Parallele DE zu AB; dann trägt man von E aus r_2 ab und verbindet den Endpunkt G mit A. Von dem Schnittpunkt F dieser Verbindungsgeraden fälle man ein Lot auf AB und ziehe schließlich noch die Gerade DB, die das Lot in P schneidet. Dann gibt die Strecke PC den Kombinationswiderstand von r_1 und r_2 in demselben Maßstab wie diese an. Der Beweis ist sehr ein-

fach. Aus der Ähnlichkeit der Dreiecke BCP und BAD folgt
die Proportion:

$$\frac{r_1}{R} = \frac{a_1 + a_2}{a_2} = 1 + \frac{a_1}{a_2}, \tag{25}$$

und ebenso folgt aus der Ähnlichkeit der Dreiecke ACF und FEG
die weitere Proportion:

$$\frac{r_1}{r_2} = \frac{a_1}{a_2}. \tag{26}$$

Durch Subtraktion dieser beiden Gleichungen fallen sofort a_1
und a_2 heraus, es wird also:

$$\frac{r_1}{R} - \frac{r_1}{r_2} = 1$$

und hieraus folgt dann sofort:

$$\frac{1}{R} = \frac{1}{r_1} + \frac{1}{r_2}. \tag{27}$$

Dies ist aber die bekannte Beziehung zwischen zwei parallel geschalteten Widerständen r_1 und r_2 und ihrem Gesamtwiderstande R. Das wichtigste hierbei ist, daß die Größe der Grund-
linie $AB = a_1 + a_2$ ohne Bedeutung ist. Nur das Verhältnis der
Strecken $\dfrac{a_1}{a_2}$ ist nach Gl. (26) festgelegt.

Nachdem man nun je nach dem Zweck, dem der Widerstand
dienen soll, die elektrische Größe seiner Stufen festgelegt hat,
also etwa bei einem Hauptstromregler nach Abschnitt XI oder bei
einem Feldregler nach Abschnitt VIII, kann man den Widerstand
der Einzelzweige festlegen, indem man die eben beschriebene
Konstruktion in umgekehrter Weise durchführt. Man geht von R
aus und bestimmt r_1 und r_2, die je nach Wahl von a_1 und a_2
verschieden ausfallen. Die hier etwas umständlich erscheinende
Konstruktion wird sehr einfach und leicht anwendbar, wenn man
Koordinatenpapier in Millimeterteilung verwendet.

Eine gewisse Ähnlichkeit besitzt diese Schaltung mit der in
§ 20 beschriebenen Kahlenbergschaltung.

XIV. Der Feldunterbrecher.

§ 58. Die Berechnung des Widerstandes. An verschiedenen
Stellen, so in Abb. 20, 46, 47, wurden in den Schaltbildern Wider-

stände eingezeichnet, die dazu dienten, die Erregerwicklung vom Netz abzuschalten; sie wurde über diese Widerstände kurzgeschlossen. Diese Widerstände werden daher auch kurz „Feldunterbrecher" genannt; genau genommen schließt allerdings dieser Name auch den zugehörigen Schalter mit ein, wie er etwa in Abb. 20 gezeichnet ist. Häufig wird aber ein besonderer Schalter gar nicht gebraucht, da der Widerstand gleich in den Regler eingebaut wird; die Abschaltung des Feldes erfolgt dann mittels der Reglerkurbel. Bezüglich des Schalters sei hier nur folgendes erwähnt. Sein Aufbau muß derart sein, daß der Erregerkreis keinesfalls unterbrochen wird, ehe der Widerstand sicher mit dem Feld verbunden ist. Öffnen sich die Kontakte des Feldschalters, ehe der Widerstand angeschlossen ist, so bildet sich ein Lichtbogen, und dieser ist durchaus nicht unerwünscht. Er bildet nämlich selbst einen Widerstand, so daß der eigentliche Schutzwiderstand entlastet wird und nicht die volle Netzspannung auszuhalten hat. Von dieser Wirkung des Lichtbogens wollen wir jedoch bei der Berechnung des Widerstandes absehen und diese unter der Annahme durchführen, daß das Feld erst über den Widerstand geschlossen wird, ehe die Lostrennung vom Netz erfolgt.

Hat die Erregerwicklung vor dem Schalten etwa den Strom i_0, so wird dieser auch im ersten Augenblicke, wenn die Wicklung über den Widerstand geschlossen ist, bestehen bleiben und dann allmählich abklingen. Diesen Vorgang wollen wir etwas genauer untersuchen. Zur Zeit t nach dem Schalten sei der Strom i vorhanden; diesem entspreche ein Kraftfluß Φ_1 durch jede Polteilung, und die gesamte in Reihe geschaltete Windungszahl aller Pole soll n_s sein. Der Widerstand der Wicklung sei r_s, der zugeschaltete r, dann gibt das Ohmsche Gesetz die folgende Differentialgleichung:

$$i\,(r + r_s) + n_s \frac{\mathrm{d}\Phi_1}{\mathrm{d}t} = 0\,. \tag{1}$$

Das zweite Glied dieser Gleichung mit dem negativen Vorzeichen, also die Abnahme der Kraftflußwindungen in der Zeiteinheit, wollen wir die EMK der Erregerwicklung nennen und mit E_s bezeichnen; die Definition hierfür ist daher:

$$E_s = -n_s \frac{\mathrm{d}\Phi_1}{\mathrm{d}t}\,. \tag{2}$$

Die von der Wicklung in dem betrachteten Zeitpunkt für die Zeiteinheit abgegebene Energiemenge ist dann offenbar $E_s \cdot i$, und zwar ist dies magnetische Energie, die ja in der Wicklung aufgespeichert ist. Der Strom klingt ganz allmählich ab; er ist aber sicher null geworden, wenn wir sehr lange, mathematisch ausgedrückt, unendlich lange Zeit warten. Die ursprünglich in der Wicklung vorhandene magnetische Energie hat natürlich einen endlichen Wert und ist nach dem Vorhergehenden offenbar durch die Gleichung gegeben:

$$Q = \int_0^\infty E_s \, i \, \mathrm{d}t \, . \tag{3}$$

Mit Benutzung der Gl. (1) und (2) kann man dies auch wie folgt schreiben:

$$Q = \int_0^\infty (r_s + r) \, i^2 \, \mathrm{d}t \tag{4}$$

und diese Gleichung sagt aus, daß die magnetische Energie in dem Gesamtwiderstande des Kreises $(r_s + r)$ in Stromwärme umgesetzt wird. Uns interessiert aber nur die Erwärmung des Zusatzwiderstandes r, und die auf diesen entfallende Stromwärme beträgt:

$$\int_0^\infty r \, i^2 \, \mathrm{d}t = \frac{r}{r + r_s} \cdot Q \, .$$

Wie schon eingangs erwähnt, wird noch während des Schaltens eine gewisse Wärmemenge in dem Widerstande erzeugt. Ist U die Netzspannung und t_0 die Zeitdauer, während welcher der Widerstand beim Abschalten der Erregerwicklung am Netz liegt, so beträgt die erzeugte Wärmemenge $\dfrac{U^2}{r} \cdot t_0$. Ist nun t_0, sowie die Zeit, während welcher ein merklicher Strom in der Wicklung fließt, klein gegen die Wärmezeitkonstante des Widerstandes, und diese Voraussetzung darf man praktisch wohl immer machen, so muß das Wärmeaufnahmevermögen des Widerstandes, seine Wärmekapazität, demnach betragen:

$$K = \frac{r}{r + r_s} Q + \frac{U^2}{r} t_0 = W \cdot T_w \, . \tag{5}$$

Der Ausdruck hinter dem zweiten Gleichheitszeichen ist derselbe wie in Gl. (2), § 1, nämlich W ist die Wärmemenge, die der Widerstand in der Zeiteinheit dauernd abgeben kann. Aus dieser Größe kann man die erforderliche Materialmenge berechnen. Ferner ist T_w die Wärmezeitkonstante des Materials. Diese wird als gegeben vorausgesetzt; die Zeit t_0 möge durch Versuch bekannt sein oder erforderlichenfalls geschätzt werden; dann kann aus Gl. (5) die Materialmenge des Widerstandes aus der Größe W bestimmt werden, wenn die magnetische Energie Q der Wicklung bekannt ist.

§ 59. Die Berechnung der magnetischen Energie. Die magnetische Energie ist durch Gl. (3) gegeben, aber diese Formel sagt uns zunächst noch nicht viel. Wir ersetzen daher E_s mit Hilfe von Gl. (2) durch Φ_1 und erhalten unter gleichzeitiger Vertauschung der Grenzen (für $t = 0$ ist der volle Fluß vorhanden und für $t = \infty$ ist der Fluß gleich null) und daher Umkehrung des Vorzeichens die Beziehung

$$Q = \int_0^{\Phi_1} i\, n_s\, \mathrm{d}\Phi_1 . \qquad (3\,\mathrm{a})$$

Dies ist die übliche Form, in welcher die magnetische Energie bei eisenhaltigen*) Kreisen gegeben wird und von Emde[3]) wohl zuerst eingehender besprochen worden ist. Als bekannt für die Maschine wollen wir ihre Kennlinie annehmen, d. h. den Zusammenhang zwischen Anker-EMK und Erregerstrom, als die der unmittelbaren Messung am leichtesten zugänglichen Größen. Erzeugt wird die Anker-EMK, die wir mit E bezeichnen, durch die zeitliche Änderung des Ankerflusses in seiner Wicklung. Der

---

*) Der durch Gl. (3 a) gegebene Ausdruck für die magnetische Energie ist allgemein gültig. Bei konstanter Permeabilität (also wenn die Spule kein Eisen besitzt, oder wenn bei Anwesenheit von Eisen nur im geraden Teil der Kennlinie gearbeitet wird) ist der Fluß proportional dem erregenden Strom; man setzt dann:

$$n_s\, \Phi_1 = L\, i ,$$

wobei L, die Selbstinduktivität der Wicklung, eine Konstante ist. Damit folgt aber für die magnetische Energie nach Integration aus der Gl. (3 a)

$$Q = \tfrac{1}{2} L\, i^2 .$$

Dieser Ausdruck gilt also, um es nochmals zu betonen, nur für Proportionalität zwischen Strom und Kraftfluß und ist daher für die Erregung moderner Maschinen im allgemeinen nicht zu verwenden.

durch eine Polteilung in den Anker eintretende Fluß Φ ist um den Streufluß kleiner als der in einem Pole erzeugte Fluß Φ_1; das Verhältnis dieser beiden Flüsse pflegt man in erster Annäherung als konstant anzusehen, und man schreibt daher unter Benutzung des Hopkinsonschen Streufaktors:

$$\Phi_1 = \nu \cdot \Phi. \tag{6}$$

Eine Gleichung zwischen dem Fluß und der EMK des Ankers ist in jedem Lehrbuch über Gleichstrommaschinen bzw. Wechselstromsynchronmaschinen zu finden. Daher soll hier von der Ableitung einer solchen Beziehung abgesehen und nur die fertige Formel gegeben werden. Wenn wir überlegen, daß der Fluß im technischen Maßsystem die Dimension „Volt × Sekunde" hat, so ist es naheliegend, den Fluß oder für unsern Zweck besser die Kraftflußwindungen gleich einem Produkt aus Anker-EMK und einer Zeit zu setzen, die wir mit T bezeichnen wollen und die die Wicklungsangaben enthält. Zur Definition dieser Zeit T schreiben wir daher die Gleichung:

$$n_s \cdot \Phi_1 = E \cdot T \tag{7}$$

und erhalten damit schließlich als Ausdruck für die magnetische Energie:

$$Q = T \cdot \int_0^E i \cdot \mathrm{d}E = T \cdot F, \tag{3b}$$

wobei F zunächst nur als Abkürzung für das Integral gesetzt ist. Die Zeit T ist nun durch die folgenden Gleichungen aus der Wicklung zu bestimmen:

Gleichstrommaschinen:

$$T = \nu \cdot \frac{\pi}{2} \cdot \frac{2a}{p} \cdot \frac{n_s}{n_a} \cdot \frac{1}{\omega}, \tag{8a}$$

Wechselstromsynchronmaschinen:

$$T = \nu \cdot \sqrt{2}\,\frac{m}{k} \cdot \frac{a}{p} \cdot \frac{n_s}{n_a} \cdot \frac{1}{\omega}. \tag{8b}$$

Die noch nicht erklärten Zeichen haben die folgende Bedeutung:

$n_a =$ Gesamtzahl der Ankerwindungen;

$a =$ Zahl der parallelen Ankerzweige (bei Gleichstrom wie üblich auf jede Ankerhälfte bezogen);

$p =$ Zahl der Polpaare;

$m =$ Zahl der Phasen;

$k =$ Wicklungsfaktor;

$\omega =$ mechanische Winkelgeschwindigkeit des umlaufenden Teils.

Unter Voraussetzung (vollkommen) stetig verteilter Wicklung beträgt der Wicklungsfaktor:

$$k = \frac{\sin\gamma\,\dfrac{\pi}{2}}{\gamma\,\dfrac{\pi}{2}}, \tag{9}$$

wobei γ das Verhältnis der Wicklungsbreite zum verfügbaren Raum bezeichnet. Einphasenmaschinen werden im allgemeinen nicht voll bewickelt, es wird hier etwa $\gamma = \frac{2}{3}$ oder ein ähnlicher Wert gewählt. Bei voll bewickelten Mehrphasenmaschinen ist $\gamma = \dfrac{1}{m}$ zu setzen, wie leicht einzusehen. Ferner ist noch zu erwähnen, daß bei Wechselstrom die EMK in Effektivwerten einzusetzen ist, wie sie ja auch gemessen wird, und sich auf e i n e Phase bezieht. In Gl. (8 b) ist deshalb auch $\sqrt{2}$ hinzugefügt.

Die Gl. (3 b), die wir für die magnetische Energie gefunden haben, wollen wir uns etwas näher betrachten. Ist eine Kennlinie E als Funktion von i gegeben, so stellt der Integrand $i \cdot dE$ einen Flächenstreifen dar, der durch zwei Wagerechte im Abstande E und $(E + dE)$ von der Abszissenachse, die Kurve selbst und die Ordinatenachse begrenzt ist. Das Integral, das in Gl. (3 b) durch F bezeichnet ist, gibt daher den Inhalt der zwischen der Kennlinie, der Ordinatenachse und einer Parallelen zur Abszissenachse gelegenen Fläche. Diese Fläche ist in Abb. 52 wagerecht schraffiert, und wir können aus dieser Abbildung folgendes ablesen: Der Regler der Maschine, deren Kennlinie K_0 ist, soll von P_0 bis P_1 herunter regeln, dann ist seine Größe gleich der doppelten Fläche OP_0P_1 (senkrecht schraffiert). Im Punkt P_1 besitzt die Wicklung noch eine magnetische Energie, die gleich der Fläche OP_1B (wagerecht schraffiert) ist, multipliziert mit der Zeit T aus Gl. (8), und diese Energie ist für die Größe des Feldunterbrechers maßgebend.

Für einen beliebigen Punkt P erhält man die Größe W_0 entsprechend Gl. (3) in § 44 zu

$$W_0 = 2\left[\int_0^i E\,di - \tfrac{1}{2}E\,i\right]. \tag{10}$$

Durch partielle Integration der Gl. (3b) oder auch durch unmittelbare Anschauung aus Abb. 52 erhält man

$$F = \int_0^E i \cdot \mathrm{d}E = E\,i - \int_0^i E\,\mathrm{d}i, \tag{11}$$

und wenn man aus diesen beiden Gleichungen den Integralausdruck eliminiert, so ergibt sich schließlich die Beziehung:

$$W_0 + 2F = E\,i. \tag{12}$$

Hat man also einmal die Größe W_0 für die ganze Kennlinie K_0 berechnet, wie dies in Abb. 54 gezeigt, so läßt sich leicht aus Gl. (12) auch die Größe F ermitteln. Dies ist auch geschehen, und in Abb. 54 wurde F ebenfalls über dem Erregerstrom aufgetragen, so daß man für einen beliebigen Punkt der Kennlinie den Betrag von F ablesen und mit Hilfe der aus den Wicklungsangaben nach Gl. (8) zu bestimmenden Zeit T die in der Erregerwicklung noch vorhandene magnetische Energie berechnen kann.

§ 60. XV. Materialkonstanten.

Material	Spezifische Wärme c	Spezifisches Gewicht γ	Spezifische Wärme $c\,\gamma$	Wärmeleitfähigkeit λ	Spezifischer Widerstand ϱ
I. Metalle	$\dfrac{\text{Joule}}{\text{g}\cdot°\text{C}}$	$\dfrac{\text{g}}{\text{cm}^3}$	$\dfrac{\text{Joule}}{\text{cm}^3\cdot°\text{C}}$	$\dfrac{\text{Watt}}{\text{cm}\cdot°\text{C}}$	$\text{Ohm}\,\dfrac{\text{mm}^2}{\text{m}}$
Aluminium	0,88	2,7	2,4	1,5—2,0	0,03
Blei	0,13	11,3	1,5	0,35	0,20
Eisen: Gußeisen . .	0,54	7,5	4,1	0,46	0,7—1,0
Stahl	0,48	7,8	3,7	0,6	0,12
Kupfer	0,39	8,9	3,5	3,5	0,018
Messing	0,38	8,6	3,3	0,93	0,075
Neusilber	0,41	8,5	3,4	0,34	0,37
Nickel	0,46	9,0	4,1	0,58	0,12
Quecksilber	0,138	13,6	1,88	0,07	0,95
Rheotan	—	8,8	—	0,23	0,48
Silber	0,23	10,5	2,4	4,2	0,016
Zink	0,39	7,2	2,8	1,1	0,06
Zinn	0,23	7,4	1,7	0,64	0,12
II. Isolierstoffe					
Asbest	0,82	2,5	2,0	0,002	—
Asche	0,84	—	—	—	—
Asphalt	—	1,3	—	—	—

Material	Spezifische Wärme c	Spezifisches Gewicht γ	Spezifische Wärme $c\gamma$	Wärmeleit-fähigkeit λ
	$\dfrac{\text{Joule}}{\text{g}\cdot{}^\circ\text{C}}$	$\dfrac{\text{g}}{\text{cm}^3}$	$\dfrac{\text{Joule}}{\text{cm}^3\cdot{}^\circ\text{C}}$	$\dfrac{\text{Watt}}{\text{cm}\cdot{}^\circ\text{C}}$
Baumwolle	—	1,5	—	0,00016
Gips	0,84	0,97	0,8	0,007
Glas	0,84	2,6	2,2	0,006
Glimmer	0,84	2,9	2,4	0,0036
Granit	0,84	2,8	2,3	0,035
Graphit	0,75	2,1	1,6	0,05
Hartgummi	—	—	1,2	0,00037
Holz: Eiche	2,4	0,86	2,0	0,017 =
Fichte . . .	2,7	0,50	1,4	$\begin{cases}0,0012=\\0,00035\perp\end{cases}$
Holzkohle	0,84	0,4	0,34	0,00063
Koks	0,84	1,4	1,2	—
Luft	1,00	0,00119	0,0012	0,00023
Marmor	0,88	2,7	2,4	0,0064
Mauerwerk	—	1,45	—	0,02
Mikanit	—	—	—	0,0012
Pappe, Papier . . .	—	0,9	—	0,0019
Petroleum	2,1	0,8	1,7	0,0015
Porzellan	1,05	2,3	2,4	0,0104
Preßspan	—	—	—	0,0017
Paraffin	2,5	0,89	2,3	0,0026
Öl: versch. Sorten	1,7	0,92	1,6	0,0016
Sand	—	1,5	—	0,0031
Sandstein	0,92	2,3	2,1	0,02
Schellack	—	—	—	0,0025
Schiefer	—	2,7	—	0,02
Schlacke	0,75	—	—	—
Seide	—	—	—	0,00092
Zement	—	3,0	—	0,0007
Ziegel	0,92	1,5	1,4	0,008

Die in den verschiedenen physikalischen und technischen Büchern gegebenen Zahlen weichen häufig nicht unbedeutend voneinander ab. Für die oben gegebene Zusammenstellung wurden die im Quellenverzeichnis aufgeführten Aufsätze und Bücher benutzt. Die Zahlen sind als ungefähre Mittelwerte anzusehen und sind infolgedessen nur auf zwei Stellen genau gegeben. Dies dürfte für die Berechnung der Widerstände im allgemeinen recht gut ausreichen.

Eine Größe, die bei den Widerstandsberechnungen sehr viel gebraucht wird, ist die Kühlziffer μ, welche die von der Oberflächeneinheit des Körpers abgegebene Wärmemenge angibt. Die Wärmeabgabe geschieht zunächst durch Strahlung. Diese kann nach dem Stefan-Boltzmannschen Gesetze berechnet werden, welches durch die Gleichung gegeben ist

$$\mu_s = 4{,}6\left[\left(\frac{T}{100}\right)^4 - \left(\frac{T_0}{100}\right)^4\right]\frac{\text{Watt}}{\text{m}^2 \cdot {}^{\circ}\text{C}}.$$

Hierin ist T die absolute Temperatur des strahlenden Körpers und T_0 diejenige der umgebenden Luft. Je nach Lufttemperatur und Erwärmung des Körpers erhält man dafür etwa

$$\mu_s = 5 \text{ bis } 8 \ \frac{\text{Watt}}{\text{m}^2\,{}^{\circ}\text{C}}.$$

Ferner wird Wärme durch Strömung abgegeben, auch Konvektion genannt. Die Strömung kann zunächst natürliche Strömung sein. Diese wird durch Wärmeleitung vom Körper zu den nächsten Luftteilchen und durch deren Auftrieb infolge der Erwärmung hervorgerufen. Man bezeichnet diese Strömung auch als Schornsteinwirkung. Es hat sich gezeigt, daß bei senkrechten Flächen mit den verschiedensten Anstrichen, wie sie in der Technik vorkommen, oder die ohne Anstrich eine natürliche Rauhigkeit besitzen, die Wärmeabgabe durch Strahlung und natürliche Strömung zusammen etwa 12—$14 \ \dfrac{\text{Watt}}{\text{m}^2 \cdot {}^{\circ}\text{C}}$ beträgt. Wird der Körper von einem fremden Luftstrom getroffen, durch Anblasen mit einem Ventilator oder durch Eigenbewegung, so spricht man von künstlicher Strömung (Konvektion). In diesem Falle kann die Wärmeabgabe auf den doppelten bis fünffachen vorhin gegebenen Zahlenwert steigen, je nach der Geschwindigkeit, welche die Luft an der zu kühlenden Fläche besitzt. Um so mehr ist es hier notwendig, für die gewählte Bauart die ihr eigentümliche Kühlziffer durch Versuch zu bestimmen.

XVI. Quellenverzeichnis.

1) Blanc, F.: Über Anlauf- und Auslaufverhältnisse von motorisch angetriebenen Massen unter Anwendung eines neuen graphischen
Auswertungsverfahrens. Z. d. V. d. I. 1919, S. 289.

2) Douglas, Edwin Rust: Heating of electrical machinery under two
regularly alternating conditions of load. El. World, Vol. 37, 1901,
S. 769.

3) Emde, Fritz: Über die Beziehungen der mechanischen Arbeit von
Elektromagneten zu ihrer magnetischen Energie bei veränderlicher
Permeabilität. ETZ. 1908, S. 817.

4) Erens, Fritz: Eine analytische und graphische Methode zur Berechnung von Anfahr- und Bremswiderständen für elektrische Eisen-
bahnen. ETZ. 1899, S. 277.

5) Ernst, Ad.: Die Hebezeuge; Theorie und Kritik ausgeführter Konstruktionen mit besonderer Berücksichtigung der elektrischen Anlagen. 4. Aufl. Berlin Jul. Springer 1903.

6) Gesing, P.: Praktische und schnelle Berechnung der Widerstands-
regulatoren für Lichtleitungen. ETZ. 1902, S. 293.

7) Görges, H.: Über das Anlassen von Elektromotoren, speziell der Drehstrommotoren. ETZ. 1894, S. 644.

8) Görges, H.: Die Abstufung der Anlasser. El. Bahn. u. Betr. 1906,
S. 249.

9) Hellmund, R. E.: Bremsen von Induktionsmotoren mittels Gleichstrom. E. u. M. 1910, S. 837.

10) Hunke, E.: Über graphische Berechnungen von Widerstandsregu-
latoren. ETZ. 1900, S. 801.

11) Jäger, Gustav: Theoretische Physik. II. Licht und Wärme. Leipzig
Sammlung Göschen 1901, § 31.

12) Jasse, E.: Zur Berechnung von Anlaßwiderständen und Motorsiche-
rungen. E. u. M. 1912, S. 657, 685.

13) Jasse, E.: Der Temperaturverlauf bei der Bremsung eines Schwung-
rades. Arch. f. El. Bd. 3, 1915, S. 162.

14) Jasse, E.: Über den Entwurf und die Belastung von Gleichstrommaschinen. Arch. f. El., Bd. 5, 1916, S. 87.

15) Jasse, E.: Der Anlaßvorgang beim Gleichstrommotor. Arch. f. El.,
Bd. 5, 1917, S. 285.

16) Kallmann, Martin: Ein neues Verfahren zum selbsttätigen Anlassen
von Elektromotoren. ETZ. 1907, S. 495 u. 518. — Derselbe, Ein
neues System zur selbsttätigen Kurzschlußbremsung für Elektromotoren. ETZ. 1907, S. 945.

17) Kinzbrunner, C.: Nebenschlußregulierwiderstände für Fremderregung. ETZ. 1903, S. 234.
18) Kloss, M.: Drehmoment und Schlüpfung des Drehstrommotors. Arch.
f. El. Bd. 5, 1916, S. 59.
19) Kohlrausch, W.: Über einen Zusammenhang zwischen Magnetisier-
barkeit und elektrischem Leitungsvermögen bei den verschiedenen
Eisensorten und Nickel. Ann. d. Phys. u. Chem. Bd. 33, 1888, S. 42.
20) v. Lang, Viktor: Einleitung in die theoretische Physik. Braunschweig
1891, § 422.
21) Linke, W.: Das Schalten großer Gleichstrommotoren ohne Vorschalt-
widerstände. ETZ. 1918, S. 453, 465.
22) Natalis, F.: Regler und Anlasser. Starkstromtechnik, herausgegeben
von E. v. Rziha und J. Seidener. 3. Aufl. Berlin 1919, VIII. Abschnitt, S. 649 bis 756.
23) Oelschläger, E.: Die Berechnung von Widerständen, Motoren u. dgl.
für aussetzende Betriebe. ETZ. 1900, S. 1058.
24) Ott, Ludwig: Untersuchungen zur Frage der Erwärmung elektrischer
Maschinen. Mitteil. über Forsch.-Arb. auf dem Gebiete des
Ingenieurwesens, Heft 35/36, S. 53. Berlin Jul. Springer 1906.
25) Richter, Rudolf: Schaltung von Regelungswiderständen zur Ersparnis
von Widerstandsmaterial. ETZ. 1921, S. 217. Ferner D. R. Patent-
anmeldung R 44674/VIII vom 2. 7. 17.
26) Stadelmann, E.: Beitrag zur Berechnung von Lichtleitungsregula-
toren. ETZ. 1900, S. 285.
27) Trettin, C.: Das Schalten großer Gleichstrommotoren ohne Vorschalt-
widerstände. ETZ. 1912, S. 759, 794, 822.
28) — —: Starting and regulating resistances. (Bericht nach Linden-
struth und O. Forster in L'Eclairage Electrique.) The Elec-
trician, Bd. 54, 1904, S. 230.

Ferner seien die folgenden Bücher und Aufsätze empfohlen, aus welchen
die für die Berechnung von Widerständen erforderlichen physikalischen
Konstanten entnommen werden können:

29) Hütte: Des Ingenieurs Taschenbuch. Berlin Verlag von Wilh.
Ernst & Sohn.
30) Deutscher Kalender für Elektrotechniker (Uppenborn). Verlag
von R. Oldenbourg, München, Berlin.
31) Symons, H. D. and Walker, M.; The heat paths in electrical machinery. Journal J. E. E. Bd. 48. 1912. S. 674, 682.
32) Taylor, T. S.: The thermal conductivity of insulating and other
materials. The Electric Journal, 1919, S. 526.
33) Winkelmann, A.: Handbuch der Physik. Bd. 3, Wärme, 2. Aufl.
Leipzig 1906, S. 485 ff.

Die Elektrotechnik und die elektromotorischen Antriebe. Ein elementares Lehrbuch für technische Lehranstalten und zum Selbstunterricht. Von Dipl.-Ing. **Wilhelm Lehmann.** Mit 520 Textabbildungen und 116 Beispielen. 1922.

Gebunden 9 Goldmark / Gebunden 2.15 Dollar

Die Elektromotoren in ihrer Wirkungsweise und Anwendung. Ein Hilfsbuch für die Auswahl und Durchbildung elektromotorischer Antriebe. Von **Karl Meller,** Oberingenieur. Z w e i t e, vermehrte und verbesserte Auflage. Mit 153 Textabbildungen. 1923.

3.60 Goldmark; gebunden 4.40 Goldmark / 0.90 Dollar; geb. 1.10 Dollar

Elektromotoren. Ein Leitfaden zum Gebrauch für Studierende, Betriebsleiter und Elektromonteure. Von Dr.-Ing. **Johann Grabscheid.** Mit 72 Textabbildungen. 1921.   2.80 Goldmark / 0.70 Dollar

Der Drehstrommotor. Ein Handbuch für Studium und Praxis. Von Professor **Julius Heubach,** Direktor der Elektromotorenwerke Heidenau, G. m. b. H. Z w e i t e, verbesserte Auflage. Mit 222 Abbildungen. 1923.   Gebunden 14.50 Goldmark / Gebunden 3.50 Dollar

Die asynchronen Wechselfeldmotoren. Kommutator- und Induktionsmotoren. Von Professor Dr. **Gustav Benischke.** Mit 89 Abbildungen im Text. 1920.   4.20 Goldmark / 1.— Dollar

Ankerwicklungen für Gleich- und Wechselstrommaschinen. Ein Lehrbuch. Von Professor **Rudolf Richter** in Karlsruhe. Mit 377 Textabbildungen. Berichtigter Neudruck. 1922.

Gebunden 11 Goldmark / Gebunden 2.65 Dollar

Die Hochspannungs - Gleichstrommaschine. Eine grundlegende Theorie. Von Dr. **A. Bolliger,** Elektro-Ingenieur in Zürich. Mit 53 Textfiguren. 1921.   3 Goldmark / 0.75 Dollar

Elektrotechnische Meßkunde. Von Dr.-Ing. **P. B. Arthur Linker.** D r i t t e, völlig umgearbeitete und erweiterte Auflage. Mit 408 Textfiguren. Unveränderter Neudruck. 1923.

Gebunden 11 Goldmark / Gebunden 2.65 Dollar

Elektrotechnische Meßinstrumente. Ein Leitfaden. Von **Konrad Gruhn,** Oberingenieur und Gewerbestudienrat. Z w e i t e, vermehrte und verbesserte Auflage. Mit 321 Textabbildungen. 1923.

Gebunden 7.— Goldmark / Gebunden 1.70 Dollar